中学入試

分野別

\集中レッスン/

算数 規則性

粟根秀史［著］

文英堂

JN004870

この本の特色と使い方

　小学校で習う算数の中でも，4年生から6年生の間に身につけておきたい内容，簡単な受験算数のコツを短期間で学習できるように作りました。

　「短期間で，お気軽に，でもちゃんと力はつく」という方針で，次のような内容にしています。この本で勉強し，2週間でレベルアップしましょう。

1. 受験算数のコツが2週間で身につく

　1日4〜6ページの学習で，受験算数の考え方，解き方を身につけることができます。4日ごとに復習のページ，最後の2日は入試問題をのせていますので，復習と受験対策もふくめて2週間で終えられるようにしています。

2. 例題・ポイントで確認，練習問題で定着

　例題，ポイント，練習問題の順にのせています。例題とポイントで学習内容を確認し，書きこみ式の練習問題で定着させることができます。

3. ドリルとはひと味ちがう例題とポイント

　正しい解法を身につけられるように，例題の解答は，かなりていねいに書いています。また，例題の後には，見直すときに便利なポイントを簡単にまとめています。

　例題とポイントで内容をしっかり確認してから問題に取り組めるようになっていますので，短期間で力をつけることができます。

も　く　じ

例題1-❶

次の問いに答えなさい。

(1) まっすぐな道にそって，5本の桜の木が15mの間かくで植えてあります。両はしの桜の木は何mはなれていますか。

(2) 1番から10番まで順番に番号がついた旗が，4m間かくで立っています。7番の旗から10番の旗までは何mはなれていますか。

(3) まわりの長さが30mの池のまわりに，6mおきにくいが立ててあります。くいは全部で何本立ててありますか。

解き方と答え

(1) 右の図1のように5本の木を植えた場合，木と木の間の数は

5-1=4(か所)

になります。したがって，求める道のりは

15×4=**60(m)** …答

図1

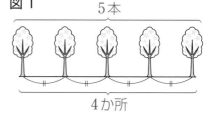

(2) 右の図2のように，7番からあとの旗を1本立てるごとに間の数も1か所ずつ増えることがわかります。7番からあとの旗の本数は，10-7=3(本)ですから，「間の数」も3か所です。よって，求める道のりは　4×3=**12(m)** …答

図2

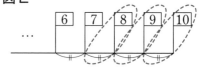

(3) くいとくいの間の数は　30÷6=5(か所)右の図3のように，くいの本数は，「間の数」と同じで**5本**になります。　…答

図3

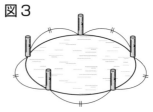

 ポイント

木の本数と間の数の関係に注意して考えよう！

① 道の両はしにも植える場合

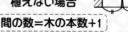

間の数＝木の本数-1

② 一方のはしには植えない場合

間の数＝木の本数

③ 道の両はしには植えない場合

間の数＝木の本数+1

④ 池のまわりに植える場合

間の数＝木の本数

練習問題 1-①

1 まっすぐな道路に，等しい間かくで 10 本の電柱が立っています。両はしの電柱が 90m はなれているとすると，電柱は何 m の間かくで立っていますか。

2 ある道の片側に，1 番から 20 番までの番号がついた旗が 8m おきに立っています。18 番の旗は 6 番の旗から何 m はなれたところに立っていますか。

3 まわりの長さが 84m の池のまわりに，桜の木が 12m おきに植えてあり，木と木の間には 2m おきにくいが打ってあります。くいは全部で何本ありますか。

例題 1 - ❷

　長さ 3m の丸太を 60cm ずつ，はしから順番_{じゅんばん}に切っていきます。1 回切る
のに 12 分かかり 1 回切るごとに 3 分休みます。

　次の問いに答えなさい。

(1) 切る回数は何回ですか。

(2) 全部切り終わるのに何分かかりますか。

✏️ **解き方と答え**

(1)　3m（＝300cm）の丸太を 60cm ずつに切ったときの本数は，

　　300 ÷ 60 ＝ 5（本）より，下の図のようになります。

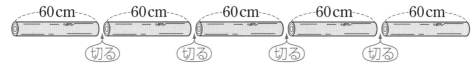

　　よって，切る回数は，<u>丸太の本数よりも 1 小さい</u>✏️ ですから

　　　　5 － 1 ＝ **4（回）**　…㉰

(2) (1)より，切るのにかかる時間の合計は

　　　　12 × 4 ＝ 48（分）

　　また，休む回数は下の図のように，4 － 1 ＝ 3（回）になります。

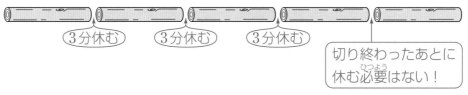

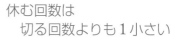

切り終わったあとに
休む必要_{ひつよう}はない！

休む回数は
切る回数よりも 1 小さい

　　よって，休む時間の合計は

　　　　3 × 3 ＝ 9（分）

　　したがって，全部切り終わるのにかかる時間は

　　　　48 ＋ 9 ＝ **57（分）**　…㉰

ポイント

- **・丸太を切り終わるのにかかる時間**
  ＝切るのにかかる時間の合計＋休む時間の合計
- **・切る回数＝切り分けられた丸太の本数－1**
- **・休む回数＝切る回数－1**

練習問題 1-❷

1 登山口から山頂までの2.1kmの道のりを行くのに，350m歩くごとに6分ずつ休けいをとりました。休んだ時間は全部で何分ですか。

2 あるビルの1階から4階まで，エレベーターで上がるのに12秒かかりました。このエレベーターで1階から6階まで上がるのに何秒かかりますか。ただし，エレベーターの速さは一定で，と中の階では止まらないものとします。

3 長さ6mの丸太を60cmずつ，はしから順番に切っていきます。1回切るのに10分かかり，1回切り終わるごとに2分休むとすると，全部切り終わるのに何時間何分かかりますか。

例題2-①

次のように，あるきまりにしたがって数が並んでいます。

　　3, 7, 11, 15, 19, 23, 27, 31, …

次の問いに答えなさい。

(1) はじめから数えて 15 番目の数はいくつですか。

(2) 107 ははじめから数えて何番目の数ですか。

解き方と答え

　下のように，となり合う 2 つの数の差がどこも同じ になっています。

　　3, 7, 11, 15, 19, 23, 27, 31, …
　　　4　4　4　4　4　4　4

このような数列を等差数列 といいます。

(1) はじめから 15 番目の数を求めるには，はじめの数の 3 に 4 を

　　15 − 1 = 14（回）　◆ 間の数

たせばよいですから，求める数は

　　3 + 4 × 14 = **59**　…答

(2) はじめの数の 3 に 4 を何回たせば 107 になるかを考えます。

　　(107 − 3) ÷ 4 = 26（回）

より，4 をたした回数は 26 回ですから，107 ははじめから数えて

　　26 + 1 = **27**（番目）　…答

ポイント

等差数列 **になっている場合**

　↑ となり合う2つの数の差が一定な数列のこと

① □番目の数＝はじめの数＋となりの数との差×(□−1)

② ある数が何番目なのか求める

　→(ある数−はじめの数)÷となりの数との差+1(番目)

練習問題 2-❶

1 次のように，あるきまりにしたがって数が並んでいます。
　　5，8，11，14，17，20，23，…
次の問いに答えなさい。

(1) はじめから数えて24番目の数はいくつですか。

(2) 131ははじめから数えて何番目の数ですか。

2 次のように，規則的に数が並んでいます。
　　555，546，537，528，519，510，501，…

(1) はじめから数えて30番目の数はいくつですか。

(2) 213ははじめから数えて何番目の数ですか。

2 日目

等差数列

例題2-❷

次のように，あるきまりにしたがって数が並んでいます。

2, 6, 10, 14, 18, 22, 26, …, 154, 158

次の問いに答えなさい。

(1) 1番目から7番目までの数の和はいくつですか。

(2) 1番目から最後までの数の和はいくつですか。

 解き方と答え

(1) 左から順にたして求めることもできますが，ここでは次のように考えてみます。

この数列は，はじめの数が2で4ずつ増えていく等差数列になっています。

1番目から7番目までの数をたす
式と，これを逆にした7番目から
1番目までの数をたす式を上下に
並べて縦1列ごとに加えていくと
右のようになります。よって，1番
目から7番目までの数の和は

$$
\begin{array}{r}
2+ 6 +10+14+18+22+26 \\
+) \ 26+22+18+14+10+ 6+ 2 \\
\hline
28+28+28+28+28+28+28
\end{array}
$$

求める和の2倍

$\underline{28}×7÷2=\textbf{98}$ …答
↑ 2+26

これより，等差数列の和は，（はじめの数＋終わりの数）×個数÷2
という式で求めることができます。

(2) 最後の158ははじめから数えて

(158−2)÷4+1＝40（番目）

になりますから，たす数の個数は40個です。

はじめの数が2，終わりの数が158，個数が40 ですから，求める和は

(2+158)×40÷2＝**3200** …答

ポイント

等差数列の和＝（はじめの数＋終わりの数）×個数÷2

※個数がわかっていない場合は，まず個数を求めておく。

個数＝（終わりの数−はじめの数）÷となりの数との差+1

練習問題 2-❷

1 次のように，規則的に数が並んでいます。

　　4，10，16，22，28，34，40，…

36番目までの数の和はいくつですか。

2 次のように，ある規則にしたがって数が並んでいます。

　　7，12，17，22，27，32，37，42，…，367，372

この数列の数をすべて加えると，その和はいくつになりますか。

3 12，20，28，36，…，700 のような等差数列の数をすべて加えたときの和を求めなさい。

例題3-❶

次のように，あるきまりにしたがって数が並んでいます。

  1, 2, 4, 7, 11, 16, 22, 29, …

次の問いに答えなさい。

(1) はじめから数えて 15 番目の数はいくつですか。

(2) 56 ははじめから数えて何番目の数ですか。

 解き方と答え

となり合う 2 つの数の差をとってみると，下のようになります。

  1, 2, 4, 7, 11, 16, 22, 29, …
   1 2 3 4 5 6 7 8

この数列は，はじめの数 1 に「1, 2, 3, 4, …」を順に加えてつくられています。

(1) 1 番目の数から 15 番目の数までで，加える数の個数は

  15 − 1 = 14（個）

よって，15 番目の数は

  1 + (1 + 2 + 3 + 4 + … + 14)
        ↑ 加える数の合計

  = 1 + (1 + 14) × 14 ÷ 2
  = **106** …答

1番目	1
2番目	1 + 1 = 2
3番目	1 + (1 + 2) = 4
4番目	1 + (1 + 2 + 3) = 7
5番目	1 + (1 + 2 + 3 + 4) = 11
	⋮

(2) 56 = 1 + 55   ← 加える数の合計

1 からの和で 55 となるのは

  55 = 1 + 2 + 3 + 4 + 5 + 6 + 7 + 8 + 9 + 10   ← 覚えておこう！

より，加える数の個数は 10 個になりますから，

56 ははじめから数えて 10 + 1 = **11**（番目） …答

ポイント

□番目の数＝はじめの数＋加える数 の合計
        ↑ (□−1)個の等差数列

〈例〉右の数列で 5 番目の数は
  1 + (1 + 2 + 3 + 4) = 11

  1, 2, 4, 7, ⑪ 16, 22, …
   +1 +2 +3 +4

練習問題 3-❶

1 次のように，ある規則にしたがって数が並んでいます。

7, 8, 10, 13, 17, 22, 28, …

次の問いに答えなさい。

⑴ はじめから数えて 25 番目の数はいくつですか。

⑵ 73 ははじめから数えて何番目の数ですか。

2 次のように，規則的に数が並んでいます。

10, 12, 16, 22, 30, 40, 52, …

はじめから数えて 30 番目の数はいくつですか。

例題3-❷

　次のように，ある規則にしたがって数が並んでいます。□にあてはまる
数をそれぞれ求めなさい。

(1)　1，1，2，3，5，8，13，21，□，…

(2)　1，2，4，8，16，□，…

解き方と答え

(1)　下のように，となり合う2つの数の差をとってみると

　　　　1，1，2，3，5，8，13，21，□，…
　　　　　0　1　1　2　3　5　8

となり，となり合う2つの数の差は，もとの数列と同じ数が並ぶことがわかります。

よって，21と□の差は13になりますから，□にあてはまる数は

　　　21＋13＝34

このような数列を「フィボナッチ数列」といいます。フィボナッチ数列に並ぶそれ
ぞれの数は，直前の2つの数の和 になっています。

　　　和　　　和　　　和　　　和
　　1，1，2，3，5，8，13，21，**34**　…㊤
　　　　和　　　和　　　和

(2)　それぞれの数は，直前の数の2倍 になっています。

　　　　1，2，4，8，16，□，…
　　　　　×2　×2　×2　×2　×2

　　よって，□にあてはまる数は　16×2＝**32**　…㊤

 ポイント

　**数列の規則性の見つけ方は，差をとるほかにも和をとる，〜倍を調べる
などがあることを覚えておこう！**

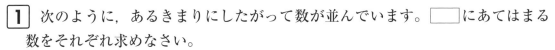

練習問題 3-❷

1 次のように, あるきまりにしたがって数が並んでいます。□にあてはまる数をそれぞれ求めなさい。

(1) 5, 8, 13, 21, 34, ア, イ, …

(2) 6, 7, 13, 20, □, 53, …

2 次のように, ある規則にしたがって数が並んでいます。□にあてはまる数をそれぞれ求めなさい。

(1) 2, 6, 18, 54, □, …

(2) 1, 2, 6, 24, □, 720, …

3
日目

「差」「和」「倍」に着目

1　ある池のまわりに，桜の木を6mおきに25本植えました。この池のまわりの長さは何mですか。

2　72mある道の片側に，等しい間かくで杉の木を9本植えます。木と木の間には3mおきにくいを打ちます。くいは何本必要ですか。

3　エレベーターで，2階から7階まで上がるのに15秒かかりました。このエレベーターで4階から12階まで上がると何秒かかりますか。ただし，エレベーターの速さは一定で，と中の階では止まらないものとします。

4 長さ5.6mの丸太を70cmずつに切り分けることにします。1回切るのに□分かかり，1回切るごとに1分休むとすると，全部切り終わるのに，1時間9分かかります。□にあてはまる数を求めなさい。

5 次のように，あるきまりにしたがって数が並んでいます。

1, 8, 15, 22, 29, 36, …

はじめから数えて80番目の数はいくつですか。

6 次のように，あるきまりにしたがって数が並んでいます。

13, 18, 23, 28, 33, 38, …

218ははじめから数えて何番目の数ですか。

7 次のように，ある規則にしたがって数が並んでいます。

3，14，25，36，47，58，…

1番目から50番目までの数の和はいくつですか。

8 250，244，238，232，226，…，10，4のような等差数列の数をすべて加えたときの和を求めなさい。

9 次のように，あるきまりにしたがって数が並んでいます。

5，6，8，11，15，20，26，…

96ははじめから数えて何番目の数ですか。

10 次のように，規則的に数が並んでいます。

　　2, 3, 6, 11, 18, 27, 38, …

はじめから数えて 40 番目の数はいくつですか。

11 次のように，規則的に数が並んでいます。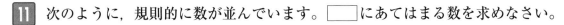にあてはまる数を求めなさい。

(1)　1, 4, 5, 9, 14, 23, ☐, 60, …

(2)　3, 15, 75, 375, ☐, 9375, …

(3)　5, 5, 10, 30, 120, ☐, 3600, …

例題5-❶

次のように，○，□，△が規則的に並んでいます。

　　　○□○△△○□○△△○□○△△○…

次の問いに答えなさい。

(1) 左から68番目の記号は何ですか。

(2) 左から97番目までに○は何個ありますか。

 解き方と答え

<u>同じ並び方がくり返される</u>ときの規則について考えます。

この問題では「○□○△△」の5個の記号のくり返しになっています。

このくり返しのかたまりのことを<u>周期</u>といいます。

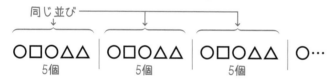

(1) 68番目までに，周期が何回くり返し，どこで終わるのか，わり算の商とあまりから考えます。

　　　68÷5＝13あまり3
　　　　周期

したがって，68番目の記号は○とわかります。　…㊜

(2) 97÷5＝19あまり2
　　　　周期

1つの周期「○□○△△」の中に○は2個ずつあり，あまりの「○□」の中にも○は1個ありますから，左から97番目までに○は全部で

　　　2×19＋1＝**39**（個）　…㊜

あります。

 ポイント

全体の個数を1つの周期の中の個数でわって，周期の数とあまりの個数を求めよう！

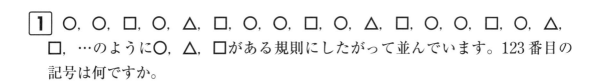

練習問題 5-❶

1 ○, ○, □, ○, △, □, ○, ○, □, ○, △, □, ○, ○, □, ○, △, □, …のように○, △, □がある規則にしたがって並んでいます。123番目の記号は何ですか。

2 あるきまりにしたがって, ○と●を下のように95個並べました。このとき, ○は全部で何個ありますか。

3 次のように, 文字があるきまりにしたがって並んでいます。

　　　A B C A D B A A B C A D B A A B C A D …

左から150番目までにBは何個ありますか。

例題5-❷

次のように，ある規則にしたがって数が並んでいます。

3，1，1，2，3，1，1，2，3，1，1，2，3，1，…

(1) 1が30回目に出てくるのは，はじめから何番目ですか。

(2) はじめから順に数をたしていったとき，和が200になるのは何番目の数
まで をたしたときですか。

解き方と答え

区切りを入れて，どの数のかたまりが周期になるかを確認します。

3，1，1，2， │ 3，1，1，2， │ 3，1，1，2， │ 3，1，…

(1) 1つの周期「3，1，1，2」の中に1は2回出てきますから

$30 \div 2 = 15$

より，30回目に出てくる1は，第15周期の3番目の数1であることがわか
ります。

第1周期　　　　第2周期　　　　　　　第14周期　　　　　第15周期

3，①，①，2， │ 3，①，①，2 │ … │ 3，①，①，2， │ 3，①，①，2 │

30回目に
出てくる

したがって，30回目に出てくる1は，はじめから数えて

$4 \times (15 - 1) + 3 = \mathbf{59}$(番目)　…答

(2) 1つの周期に並ぶ数の和は，$3 + 1 + 1 + 2 = 7$になりますから

$200 \div 7 = 28$ あまり 4
　　　周期　　　　　3+1

28周期　　　　　　　　　　　　　　　　　和4

3，1，1，2， │ 3，1，1，2， │ 3，1，1，2， │ … │ 3，1，1，2， │ 3，1，1，2， │ …

よって，29周期の2番目までの和になっていますから，はじめから数えて

$4 \times 28 + 2 = \mathbf{114}$(番目)　…答

までの数をたしたときになります。

ポイント

同じ並びがくり返されている数列の和
＝1つの周期に並ぶ数の和×周期の数＋あまりに並ぶ数の和

練習問題 5-❷

1 　2, 3の2種類の数を, あるきまりにしたがって, 下のように並べました。
1番目から98番目までの数をすべて加えたときの和を求めなさい。

　　2, 3, 2, 2, 2, 3, 2, 2, 2, 3, 2, 2, 2, 3, 2, …

2 　次のように, 数が規則正しく並んでいます。

　　7, 8, 9, 7, 9, 7, 7, 8, 9, 7, 9, 7, 7, 8, 9, 7, 9, 7, 7, …
7が20回目に出てくるのは, はじめから何番目ですか。

3 　次のように, ある規則にしたがって数が並んでいます。

　　1, 6, 4, 1, 5, 1, 6, 4, 1, 5, 1, 6, 4, 1, 5, 1, 6, 4, …
はじめから順に数をたしていったとき, 和が215になるのは何番目の数までた
したときですか。

例題6-❶

次の問いに答えなさい。

(1) 3を25回かけたとき，一の位の数はいくつですか。

(2) 1÷7を計算したとき，小数第50位の数はいくつですか。

解き方と答え

規則が見つかるまで，はじめから計算していきます。

(1) 3を次々にかけ合わせたときの一の位の数は

$$3,\ 3×3=9,\ 9×3=27,\ 7×3=21,\ 1×3=3,\ …$$

のように，「3，9，7，1」の4個の数のくり返し（周期）になる ことがわかります。

$$25÷4=6\ \text{あまり}\ 1$$
周期　　　　3

より，3を25回かけたときの一の位の数は **3** になります。 …㈅

(2) 1を7でわる筆算は右のようになります。

あまりの数がわられる数の1と同じになるまで求めると，このあとは同じわり算をくり返すことになりますから，商は「142857」の6個の数の並びがくり返される ことがわかります。

$$1÷7=0.|142857|142857|142…$$

小数第50位の数を求めますから

$$50÷6=8\ \text{あまり}\ 2$$
周期　　　　1　4

より，答えは **4** です。 …㈅

```
        0.142857
  7 ) ①.0
        7
       30
       28
        20
        14
         60
         56
          40
          35
           50
           49
            ①
            ↑
```

ここで，1÷7の1と同じになる

> **ポイント**
>
> **周期を見つけるために，同じ数が出てくるまで計算しよう！**

解答➡別冊10ページ

1 2を70回かけたとき，一の位の数はいくつですか。

2 6÷37を計算したとき，小数第60位の数はいくつですか。

3 $\dfrac{1}{13}$ を小数で表したとき，小数第75位の数はいくつですか。

6
日目

周期をとらえる②

例題6-❷

　ある年の5月8日は木曜日です。この年の8月22日は何曜日ですか。また、3月1日は何曜日ですか。

　解き方と答え

　5月8日から8月22日までの日数は

$$\underset{\text{5月}}{(31-7)} + \underset{\text{6月}}{30} + \underset{\text{7月}}{31} + \underset{\text{8月}}{22} = 107(日)$$

曜日は5月8日の木曜日から始まる「木金土日月火水」の7日が1つの周期になっていますから

$$107 \div 7 = 15 \underset{\text{周期}}{} あまり \underset{\overset{\wedge}{\text{木金}}}{2}$$

よって、8月22日は**金曜日**です。　…㉄

　3月1日から5月8日までの日数は

$$\underset{\text{3月}}{31} + \underset{\text{4月}}{30} + \underset{\text{5月}}{8} = 69(日)$$

曜日は5月8日の木曜日から始まって逆にもどる「木水火月日土金」の7日が1つの周期になっていますから

$$69 \div 7 = 9 \underset{\text{周期}}{} あまり \underset{\text{木水火月日土}}{6}$$

よって、3月1日は**土曜日**です。　…㉄

ポイント

**全日数を7でわったときのあまりから、何曜日にあたるかを考えよう！
それぞれの月の日数を覚えておこう！**

小の月…日数が31日より少ない
　　　　　月のこと
　　　　2月は28日（うるう年は29日）
　　　　4月、6月、9月、11月は30日

大の月…日数が31日の月のこと
　　　　1月、3月、5月、7月、
　　　　8月、10月、12月

ゴロ合わせで小の月を覚えよう！
「 西　向く　士 」
に　し　む　く　さむらい
2月　4月　6月　9月　11月

士 は十と一をたてに重ねたものに見えますから11月のことです。

練習問題 6-❷

1　ある年の 10 月 12 日は火曜日です。この年の 12 月 30 日は何曜日ですか。また，8 月 11 日は何曜日ですか。

2　ある年の 7 月 7 日は土曜日です。この年の 10 月 10 日は何曜日ですか。また，4 月 4 日は何曜日ですか。

例題7-❶

次のように，あるきまりにしたがって数が並んでいます。

1, 2, 3, 2, 3, 4, 3, 4, 5, 4, 5, 6, 5, 6, 7, 6, …

次の問いに答えなさい。

(1) はじめて 10 が現れるのは，はじめから数えて何番目ですか。

(2) はじめから数えて 30 番目までの数の和はいくつですか。

解き方と答え

数列を 3 個ずつに区切って組に分け，組に番号をつけます。

1, 2, 3, | 2, 3, 4, | 3, 4, 5, | 4, 5, 6, | 5, 6, 7, | 6, …
1組　　　2組　　　　3組　　　　4組　　　　5組　　　　…

(1) 3 以上の数ではじめて現れる数は，それぞれの組の 3 番目の数になりますから，はじめて 10 が現れるのは，(8, 9, 10) の組になります。またそれぞれの組の 1 番目の数は組の番号と同じになっていますから，10 は 8 組の 3 番目になることがわかります。

よって，はじめから数えて

$3 \times 8 = 24$（番目）　…答

> 組の番号とその組の数列の対応関係は
> □組→(□, □+1, □+2)
> となっている。

(2) はじめから数えて 30 番目の数は

$30 \div 3 = 10$

より，10 組の 3 番目の数です。右のように，各組の 1 番目，2 番目，3 番目の数がそれぞれ 1 ずつ増えていきますから，各組の数の和は 3 ずつ増えていきます。

したがって，30 番目までの数の和は 10 組までの数の和と同じですから

1組(1, 2, 3)の和は 6
　↓+1 ↓+1 ↓+1 　　　)+3
2組(2, 3, 4)の和は 9
　↓+1 ↓+1 ↓+1 　　　)+3
3組(3, 4, 5)の和は 12
　↓+1 ↓+1 ↓+1 　　　)+3
　⋮

10組(10, 11, 12)の和は 33

$6 + 9 + 12 + \cdots + 33$ ◆ はじめの数が6，終わりの数が33，個数が10の等差数列の和

$= (6 + 33) \times 10 \div 2$ ◆ (はじめの数+終わりの数)×個数÷2

$= 195$　…答

数列を組に分け，組の番号と数列との対応関係を見つけよう！
数列の和は，各組ごとの和を求めて合計すればよい。

解答➡別冊12ページ

練習問題 7-❶

1 次のように，あるきまりにしたがって数が並んでいます。
　　1, 2, 3, 4, 2, 3, 4, 5, 3, 4, 5, 6, 4, 5, 6, …
はじめて 20 が現れるのは，はじめから数えて何番目ですか。

2 次のように，あるきまりにしたがって数が並んでいます。
　　3, 1, 2, 4, 2, 3, 5, 3, 4, 6, 4, 5, 7, …
はじめから数えて 50 番目までの数の和はいくつですか。

例題7-❷

分数がある規則によって，次のように並んでいます。

$$\frac{1}{1}, \ \frac{1}{2}, \ \frac{2}{2}, \ \frac{1}{3}, \ \frac{2}{3}, \ \frac{3}{3}, \ \frac{1}{4}, \ \frac{2}{4}, \ \frac{3}{4}, \ \frac{4}{4} \ \cdots$$

次の問いに答えなさい。

(1) はじめから数えて50番目の分数はいくつですか。

(2) 1番目から50番目までの分数の和はいくつですか。

✎ **解き方と答え**

数列を1個，2個，3個，…に区切って組に分け，組に番号をつけます。

$$\frac{1}{1}, \ \left| \ \frac{1}{2}, \ \frac{2}{2}, \ \right| \ \frac{1}{3}, \ \frac{2}{3}, \ \frac{3}{3}, \ \left| \ \frac{1}{4}, \ \frac{2}{4}, \ \frac{3}{4}, \ \frac{4}{4}, \ \right| \ \cdots$$

1組　　　2組　　　　3組　　　　　　　4組　　　　　　　　…

(1) $50 = \underline{(1+2+3+4+5+6+7+8+9}$ $) + 5$

⬆ 9組までに並ぶ分数の個数の和

より，はじめから数えて50番目の数は，10組の5番目です。

よって，求める分数は $\dfrac{5}{10}$ です。 …答

(2) (1)より，10組の5番目までの数の和を求めればよいことがわかります。

右のように各組ごとの和を求めると，

はじめの数が1で $\dfrac{1}{2}$ ずつ増える等差数列

になっている ことがわかります。

9組に並ぶ分数の和は

$$1 + \frac{1}{2} \times (9-1) = 5$$

より，1組から9組までの分数の和は

$$(1+5) \times 9 \div 2 = 27$$

したがって，10組の5番目までの和（1番目から50番目までの和）は

$$27 + \frac{1}{10} + \frac{2}{10} + \frac{3}{10} + \frac{4}{10} + \frac{5}{10} = \mathbf{28\frac{1}{2}} \quad \cdots 答$$

1組	$\dfrac{1}{1} = 1$
2組	$\dfrac{1}{2} + \dfrac{2}{2} = 1\dfrac{1}{2}$
3組	$\dfrac{1}{3} + \dfrac{2}{3} + \dfrac{3}{3} = 2$
4組	$\dfrac{1}{4} + \dfrac{2}{4} + \dfrac{3}{4} + \dfrac{4}{4} = 2\dfrac{1}{2}$

$\Big) + \dfrac{1}{2}$　$\Big) + \dfrac{1}{2}$　$\Big) + \dfrac{1}{2}$

💬 **ポイント**

数列を組に分け，組の番号と数列の分母や分子との対応関係を見つけよう！　数列の和は，各組ごとの和を求めて，合計すればよい。

解答 ➡ 別冊13ページ

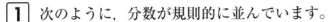

練習問題 7-❷

1 次のように，分数が規則的に並んでいます。

$$\frac{1}{1}, \ \frac{1}{2}, \ \frac{2}{1}, \ \frac{1}{3}, \ \frac{2}{2}, \ \frac{3}{1}, \ \frac{1}{4}, \ \frac{2}{3}, \ \frac{3}{2}, \ \frac{4}{1}, \ \cdots$$

はじめから数えて 60 番目の分数はいくつですか。

2 分数がある規則にしたがって，次のように並んでいます。

$$\frac{1}{1}, \ \frac{1}{2}, \ \frac{3}{2}, \ \frac{1}{3}, \ \frac{3}{3}, \ \frac{5}{3}, \ \frac{1}{4}, \ \frac{3}{4}, \ \frac{5}{4}, \ \frac{7}{4}, \ \cdots$$

1 番目から 70 番目までの数の和はいくつですか。

7
日目

組に分けて考える

1 次のように，〇，□，△が規則的に並んでいるとき，左から35番目までに□は何個ありますか。

　　　□〇〇△〇□△〇〇△□〇□…

2 次のように，10円こう貨と50円こう貨を規則的に並べていきます。

合計金額が6000円になるとき，10円こう貨と50円こう貨は合わせて何枚ありますか。

3 1，2，3の3種類の数を，あるきまりにしたがって，下のように並べました。3が33回目に出てくるのは，はじめから何番目ですか。

　　　1，3，2，3，1，3，2，3，1，3，2，3，1，3，…

4 次のように，ある規則にしたがって分数が並んでいます。

$$\frac{1}{2}, \ \frac{1}{3}, \ \frac{1}{4}, \ \frac{1}{2}, \ \frac{1}{3}, \ \frac{1}{4}, \ \frac{1}{2}, \ \frac{1}{3}, \ \frac{1}{4}, \ \frac{1}{2}, \ \frac{1}{3}, \ \cdots$$

はじめから何番目の数までをたすと，合計は 130 になりますか。

5 8 を 99 回かけたとき，一の位の数はいくつですか。

6 $\frac{11}{101}$ を小数で表したとき，小数第 30 位の数はいくつですか。

7 ある年の 5 月 15 日は水曜日です。この年の 11 月 20 日は何曜日ですか。

8 ある年の 8 月 6 日が月曜日であるとき，この年の 1 月 23 日は何曜日でしたか。ただし，この年はうるう年ではありません。

9 次のように，ある規則にしたがって数が並んでいます。

1, 5, 3, 2, 6, 4, 3, 7, 5, 4, 8, 6, 5, 9, 7, 6, …

45 がはじめて出てくるのは，最初から何番目ですか。

10　次のように，ある規則にしたがって数が並んでいます。

　　4, 1, 3, 2, 5, 2, 4, 3, 6, 3, 5, 4, 7, 4, 6, 5, 8, 5, …

1番目の数から55番目の数までの和はいくつですか。

11　次のように，数が規則的に並んでいます。

　　1, 2, 2, 3, 3, 3, 4, 4, 4, 4, 5, 5, 5, 5, 5, 6, 6, …

左から数えて100番目の数はいくつですか。

12　分数があるきまりにしたがって，次のように並んでいます。

$$\frac{1}{2}, \ \frac{2}{3}, \ \frac{1}{3}, \ \frac{3}{4}, \ \frac{2}{4}, \ \frac{1}{4}, \ \frac{4}{5}, \ \frac{3}{5}, \ \frac{2}{5}, \ \frac{1}{5}, \ \frac{5}{6}, \ \frac{4}{6}, \ \frac{3}{6}, \ \cdots$$

はじめから40番目までの40個の数の和はいくつですか。

例題9-①

　右の図のように，長さ 12cm の
テープを，のりしろをどこも 2cm
にしてまっすぐにつなぎます。

　8 本つなぐと全体の長さは何 cm になりますか。

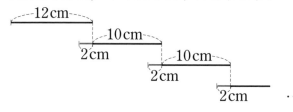

　テープつなぎの問題は，下の 2 通りの解き方を身につけておきましょう。

解き方と答え 1

テープの重なり方は，下の図のようになります。

テープをつないでいくと，はじめの長さは 12cm で，1 本つなぐごとに
(12-2=)10cm ずつ長くなっていきます。

したがって，8 本のテープをつないだときの全体の長さは

$$\underset{\substack{\uparrow\\ \text{1本の長さ}}}{12}+\underset{\substack{\uparrow\\ (1本の長さ-のりしろ)\times(本数-1)}}{10\times(8-1)}=\textbf{82}\textbf{(cm)}\quad\cdots\text{答}$$

解き方と答え 2

8 本のテープをつなぐと，のりしろは(8-1=)7 か所必要になります。

のりしろをとらずにまっすぐに並べたときより，のりしろの長さの分だけ短くな
りますから，8 本つないだときの全体の長さは

$$\underset{\substack{\uparrow\\ \text{1本の長さ×本数}}}{12\times8}-\underset{\substack{\uparrow\\ \text{のりしろ×(本数-1)}}}{2\times7}=\textbf{82}\textbf{(cm)}\quad\cdots\text{答}$$

> **ポイント**
> テープをつないだときの全体の長さは
> 　　　1本の長さ＋(1本の長さ−のりしろ)×(本数−1)
> または
> 　　　1本の長さ×本数−のりしろ×(本数−1)

解答 ➡ 別冊17ページ

練習問題 9-❶

1 長さ17cmのテープを，のりしろをどこも3cmにして，15本まっすぐにつなぎました。全体の長さは何cmですか。

2 右の図のように，縦6cm，横18cmの長方形の紙を，のりしろをどこも4cmにしてまっすぐにつなぎました。

紙全体の面積が1116cm²になったとき，何枚の紙をつなぎましたか。

3 長さ10cmのテープ25本をのりでつなぎ，全体の長さを214cmにします。つなぎ目ののりしろをすべて同じ長さにすると，のりしろ1か所の長さは何cmですか。

例題9-❷

図1のような, 外径が11cm, 内径が9cm
の輪がたくさんあります。これらの輪を図
2のようにつないで長いくさりを作ります。
これについて, 次の問いに答えなさい。

(1) 5個の輪をつないでできるくさりの長
さは何cmですか。

(2) 何個かの輪をつないだとき, くさりの
長さが110cmになりました。何個の輪をつなぎましたか。

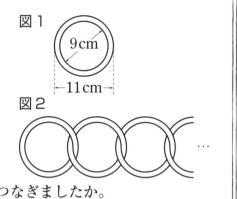

図1

9cm

←11cm→

図2

解き方と答え

(1)

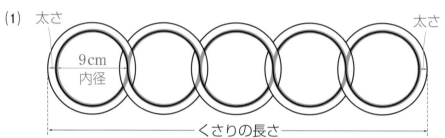

太さ

9cm
内径

太さ

くさりの長さ

上の図から, くさりの長さは, 内径(=9cm)の5つ分と輪の太さの2つ分との和
になることがわかります。輪の太さの2つ分は

　　11−9＝2(cm) ◀外径−内径

になります。よって, 5個の輪をつないでできるくさりの長さは

　　9×5+2＝**47(cm)** …答

(2) (1)より, くさりの長さ＝内径×個数＋太さ×2 となることがわかります。

　　□個の輪をつないだとして, 式をつくると

　　9×□＋2＝110

となります。□にあてはまる数を求めると

　　□＝(110−2)÷9＝**12(個)** …答

ポイント

くさりの長さ
＝内径×個数＋太さ×2
　　　　↑
　　外径−内径

←内径→

←外径→

練習問題 9-❷

1 図1のような，外径が6cm，内径が5cm
の輪がたくさんあります。これらの輪を図2
のようにつないで長いくさりを作ります。こ
れについて，次の問いに答えなさい。

(1) 10個の輪をつないでできるくさりの長
さは何cmですか。

図1

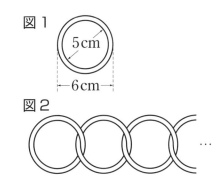

図2

(2) 何個かの輪をつないだとき，くさりの長さが96cmになりました。何個の輪
をつなぎましたか。

2 右の図のように，外径8cm，太さ8mmのリン
グをつないで，くさりを作ります。これについて，
次の問いに答えなさい。

(1) リングを15個つないでできるくさりをまっ
すぐにのばした長さは何cmですか。

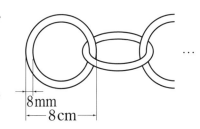

(2) まっすぐにのばした長さが168cmのくさりを作るには，リングを何個つな
げばよいですか。

9
日目

テープや輪をつなぐ問題

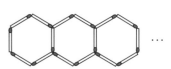

例題 10-❶

　右の図のようにマッチ棒を使って正六角形を
作っていきます。次の問いに答えなさい。

(1)　正六角形を 10 個作るにはマッチ棒は何本必要
　ですか。

(2)　マッチ棒を 101 本使うと正六角形は何個作れますか。

 解き方と答え

　正六角形が 1 個増えるごとに，使われるマッチ棒は何本増えるかを調べると
下のようになります。

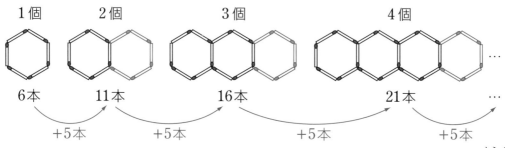

上のことから，マッチ棒の本数は，はじめの数が 6 で，5 ずつ増えていく等差数
列になっていることがわかります。

(1)　正六角形を 10 個作るときに必要なマッチ棒の本数は

$$6 + 5 \times (10 - 1) = \mathbf{51}(\mathbf{本}) \quad \cdots 答$$

(2)　マッチ棒を 101 本使ったときにできる正六角形の個数は

$$(101 - 6) \div 5 + 1 = \mathbf{20}(\mathbf{個}) \quad \cdots 答$$

ポイント

図形が 1 個増えるごとに，マッチ棒が何本増えるか調べよう！
図形を横につなげて□個作るとき
　必要なマッチ棒の本数
　＝はじめの本数＋1 個増やすのに必要な本数×(□−1)

解答 ➡ 別冊18ページ

練習問題 10-❶

1 右の図のようにマッチ棒で小さい長方形を次々とつなげていきます。次の問いに答えなさい。

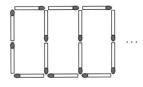

(1) 長方形を 25 個つなげるにはマッチ棒が何本必要ですか。

(2) マッチ棒を 150 本使うと長方形を何個つなぐことができますか。

2 1本の長さが8cmの竹ひごが 120 本あります。この竹ひごとねん土の玉を使って，下の図のような立体を作ります。竹ひごはできるだけあまらないようにするものとします。このとき，AB の長さは何 cm になりますか。

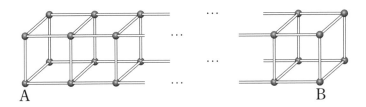

同じ長さの棒を使って，右のような
形を作っていきます。8番目の形に使
われている棒は，全部で何本ですか。

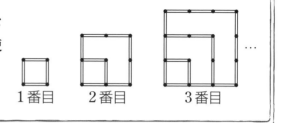

1番目　　2番目　　　　3番目

 解き方と答え

1番目の図形から順に，使われている棒の本数を調べると下のようになります。

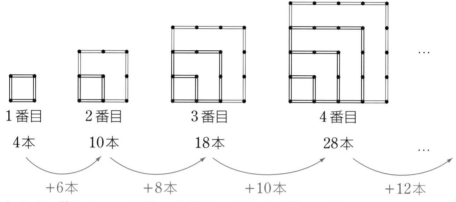

1番目　　2番目　　　　3番目　　　　　　4番目

4本　　　10本　　　　18本　　　　　　28本　　　…

　　　　+6本　　　　+8本　　　　+10本　　　　+12本

上のことから，使われている棒の本数は，はじめの数4に「6，8，10，12，…」を順
に加えて作られている数列になっている ことがわかります。

したがって，8番目の形に使われている棒の本数は全部で

$$4+\underbrace{(6+8+10+12+14+16+18)}_{\text{加える数7個の合計}}$$

となりますから

$4+6+8+\cdots+16+18$ ◀ はじめの数が4，終わりの数が18，個数が8の等差数列の和

$=(4+18)\times8\div2$ ◀ (はじめの数+終わりの数)×個数÷2

$=\mathbf{88}\mathbf{(本)}$ …答

╭─ポイント─
│ **番目の数が1増えるごとに，棒が何本増えるか調べよう！**
│ **棒の本数＝はじめの本数＋増える本数の合計**

練習問題 10-❷

1 同じ長さの棒を使って，右のような形を
作っていきます。10番目の形に使われてい
る棒は，全部で何本ですか。

1番目　　2番目　　　3番目

2 マッチ棒を，右の図のように
順に並べていきます。20段にな
るように並べた図形には，マッ
チ棒は全部で何本ありますか。

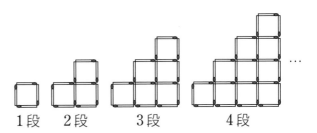

1段　2段　　3段　　　4段

例題 11-❶

ご石を右の図のように正方形の形にぎっしりと並べます。

(1) 全部で何個のご石を並べましたか。

(2) いちばん外側のひとまわりには何個のご石を並べましたか。

(3) この正方形の外側にもうひとまわりご石を並べるには、あと何個のご石が必要ですか。

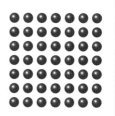

解き方と答え

(1) 正方形の面積の求め方と同じように考えて

$7 × 7$ $= 49$(個) …答

⬆ 1辺の個数×1辺の個数

図1

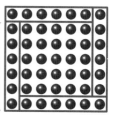

1辺の個数−1

(2) 右の図1のように、まわりのご石を個数の等しい4つの部分に分けて 考えます。

求める個数は

$(7−1)$ × 4 = 24(個) …答

⬆ 1辺の個数−1

(3) この正方形の外側にもうひとまわりご石を並べると、右の図2のようになります。

ひとまわり増やしたときの1辺は2個増えて、$(7+2=)$9個になりますから、まわりのご石を個数の等しい4つの部分に分けて考えると、求める個数は

$(9−1) × 4 = 32$(個) …答

図2

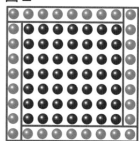

(別解) 1辺が2個増えると、まわりは、$2 × 4 = 8$(個)増えます。 このことと、(2)の結果から、求める個数は $24 + 8 = 32$(個) …答

ポイント

ご石を正方形の形に並べたとき

・まわりの個数=(1辺の個数−1)×4

・ある列の1周の個数=1つ内側の1周の個数+8

練習問題 11-❶

1 100個のご石をぎっしりと並べて，正方形を作りました。この正方形のいちばん外側のひとまわりには何個のご石が並んでいますか。

2 右のように，ご石を1辺が6個の正三角形の形にぎっしりと並べました。

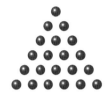

(1) 全部で何個のご石を並べましたか。

(2) いちばん外側のひとまわりには何個のご石を並べましたか。

3 ご石を縦に7個ずつ，横に10個ずつぎっしりと並べて，右の図のような長方形を作りました。これについて，次の問いに答えなさい。

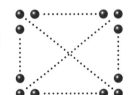

(1) 全部で何個のご石を並べましたか。

(2) いちばん外側のひとまわりに並んでいるご石の数は何個ですか。

(3) この長方形の外側にもうひとまわりご石を並べるには，あと何個のご石が必要ですか。

例題 11 - ❷

ご石 96 個を並べて正方形を作りました。右の図のように中が空いていて，どの列も 3 列になるように並べます（このような形を中空方陣といいます）。

次の問いに答えなさい。

(1) いちばん外側の 1 辺に並んでいるご石の数は何個ですか。

(2) 中の空いているところにご石をすきまなく並べるには，あと何個のご石が必要ですか。

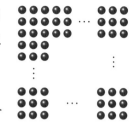

解き方と答え

(1) 右の図1のように，全体を 4 つの同じ大きさの長方形のブロックに分けて考えます。

1 つのブロックに並ぶご石の数は

$$96 \div 4 = 24（個）$$

これから，図1の x にあてはまる数は

$$24 \div 3 = 8（個）$$

したがって，外側の 1 辺に並ぶご石の数は

$$8 + 3 = \mathbf{11}（個）\quad \cdots 答$$

図 1

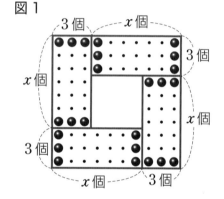

(2) 右の図2の y にあてはまる数は

$$8 - 3 = 5（個）$$

より，中の空いているところにすきまなく並べるのに必要なご石の数は

$$5 \times 5 = \mathbf{25}（個）\quad \cdots 答$$

（別解）

(1)より，1 辺 11 個の正方形を作るのに必要なご石の数は

$$11 \times 11 = 121（個）$$

96 個のご石で中空方陣を作っていますから，中の空いているところにすきまなく並べるのに必要なご石の数は

$$121 - 96 = \mathbf{25}（個）\quad \cdots 答$$

図 2

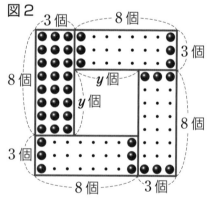

ポイント

中空方陣の問題は，右の図のように４つのブロックに分けて考えよう！
・全体の個数＝x×A×４
・いちばん外側の１辺に並んでいるご石の個数
　　＝x＋A

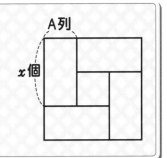

解答➡別冊21ページ

練習問題 11-❷

1　ご石 80 個を２列の中空方陣に並べました。いちばん外側の１辺には，何個のご石が並んでいますか。

2　ご石を並べて４列の中空方陣を作ったところ，いちばん外側の１辺に並んでいるご石の数が 16 個になりました。ご石を全部で何個並べましたか。

3　ご石 220 個を５列の中空方陣に並べました。いちばん内側の１まわりには，何個のご石が並んでいますか。

1 長さ 13cm のテープを，のりしろをどこも 1cm にして，何本かまっすぐにつないだところ，全体の長さは 265cm になりました。テープを何本つなぎましたか。

2 長さ◻cm のテープを，のりしろをどこも 2cm にして，まっすぐに 20 本つないだところ，全体の長さが 282cm になりました。◻にあてはまる数を求めなさい。

3 右の図のように，太さ 1.5mm の針金で作った外径
(外側の直径)9mm の輪をつないでくさりを作ります。
このとき，次の問いに答えなさい。

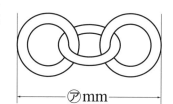

(1) 輪を 3 個つないでピンとはったときの全体の長さ
　(図の⑦の長さ)は何 mm になりますか。

(2) 輪を何個かつないだところ，全体の長さが 195mm になりました。何個の輪をつなぎましたか。

4 下の図1のような内径が7cmのまるい輪を，下の図2のようにまっすぐに50個つないだところ，全体の長さは3m54cmになりました。このまるい輪の太さは何cmですか。

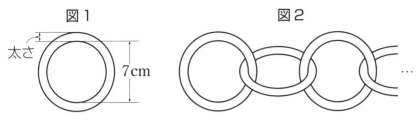

図1　　　　　　　　図2

太さ　　7cm

5 1本の長さが6cmの棒を，あるきまりにしたがって，右の図のように並べました。これについて，次の問いに答えなさい。

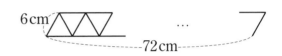

6cm　　　…　　　72cm

(1) 1辺が6cmの正三角形は何個できましたか。

(2) 使った棒は，全部で何本ですか。

6 下の図のようにマッチ棒を規則的に並べていきます。
21番目では，マッチ棒は全部で何本必要ですか。

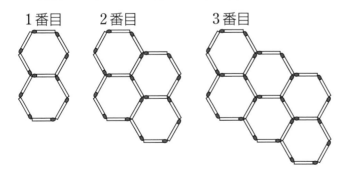

1番目　　　2番目　　　3番目

7 マッチ棒を下の図のように規則的に並べていきます。1番目の図形ではマッチ棒を4本，2番目の図形ではマッチ棒を10本使います。

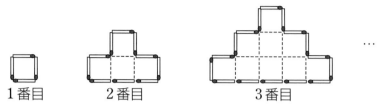

1番目　　　2番目　　　　　3番目

□番目の図形ではマッチ棒を226本使います。□にあてはまる数を求めなさい。

8 右の図のように，マッチ棒3本でできる正三角形を，同じ平面の上に次々と各段に作っていきます。

第1段から第30段まで作るときに必要なマッチ棒は何本ですか。

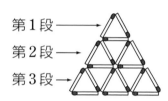

第1段 →
第2段 →
第3段 →

9 ご石を1辺が9個の正方形の形にぎっしりと並べます。

(1) 全部で何個のご石を並べましたか。

(2) いちばん外側のひとまわりには何個のご石を並べましたか。

10 ご石をぎっしりと並べて正方形の形を作ったところ，ご石が19個あまりました。そこで，縦と横をもう1列ずつ増やして大きな正方形を作ろうとしたところ，ご石が4個たりませんでした。ご石は全部で何個ありますか。

11 右の図のように，白と黒のご石をある規則にしたがって並べていきます。これについて，次の問いに答えなさい。

2段

3段

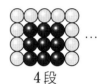
4段

(1) 16段のとき，黒いご石は何個必要ですか。

(2) 白いご石が80個必要なのは，何段のときですか。

12 右の図のように，黒いご石を4列の中空方陣に並べたところ，並べたご石の数は全部で160個でした。これについて，次の問いに答えなさい。

(1) いちばん外側の1辺に並んでいるご石の数は何個ですか。

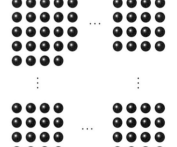

(2) 中のあいているところに白いご石をすきまなく並べます。白いご石は何個必要ですか。

① 一定の速さで上がるエレベーターが，1階から5階まで止まらずに上がると20秒かかります。このエレベーターが1階から10階まで止まらずに上がるときにかかる時間は何秒ですか。

（東京・聖心女子学院中等科）

② 2, 5, 8, 11, 14, …と，数が並んでいます。この数の1番目から45番目までの数の和はいくつですか。

（東京・宝仙学園中）

③ ある規則にしたがって数が並んでいます。□にあてはまる数を求めなさい。

1, 3, 4, 7, 11, 18, □, 47, 76, …

（兵庫・報徳学園中）

④ ある規則にしたがって数が並んでいます。□にあてはまる数を求めなさい。

24, 12, 4, 1, □, $\dfrac{1}{30}$, …

（千葉日本大一中）

⑤ 次の図のように白と黒のご石が規則正しく並んでいます。あとの問いに答えなさい。

（東京・多摩大附聖ヶ丘中）

○●●○○○●○○○●○○○○●○●●○●●○○○○●●●○…

(1) 左から 50 番目のご石の色は白ですか，黒ですか。

(2) 左から 229 番目までに，白いご石は何個ありますか。

(3) 左から黒いご石だけを数えたとき，127 番目の黒いご石は白と黒を合わせて左から何番目にありますか。

⑥ 次のように数が規則正しく並んでいます。

5, 2, 6, 2, 3, 4, 5, 2, 6, 2, 3, 4, 5, 2, …

次の問いに答えなさい。

（埼玉・大宮開成中）

(1) はじめから数えて 707 番目の数はいくつですか。

(2) 数をはじめからたしたとき，和が 257 になるのは何番目の数までたしたときですか。

⑦ 「7×7×7×…×7」というように 50 個の 7 をかけたとき, 答えの数の下 2 け
たは □ になります。□ にあてはまる数を求めなさい。
(答えの十の位が「0」になったときは, 01 や 02 のように答えなさい。)

(東京・攻玉社中)

⑧ ある年の 4 月 23 日は金曜日でした。この年の 8 月 25 日は何曜日でしたか。

(千葉・麗澤中)

⑨ あるきまりにしたがって，数が並んでいます。

$$\frac{1}{2}, \ 1, \ \frac{1}{4}, \ \frac{1}{2}, \ \frac{3}{4}, \ 1, \ \frac{1}{6}, \ \frac{1}{3}, \ \frac{1}{2}, \ \frac{2}{3}, \ \frac{5}{6}, \ 1, \ \frac{1}{8}, \ \frac{1}{4}, \ \frac{3}{8}, \ \cdots$$

次の問いに答えなさい。

（東京・立教池袋中）

(1) はじめから数えて，31番目の数はいくつですか。

(2) はじめから20番目までの数の和はいくつですか。

⑩ 外側の直径が10cm，内側の直径が7cmのまるい輪をつなげていき，まっすぐにのばしたところ3.6mになりました。いくつの輪を使いましたか。 （大阪・桃山学院中）

3.6m

⑪ 右の図のように，同じ長さの棒を使って正六角形を作りながら，1段，2段，3段，…というように並べます。例えば，3段を完成するには27本の棒が必要です。次の問いに答えなさい。

1段　　2段　　3段

（兵庫・神戸海星女子学院中）

(1)　4段を完成するには全部で何本の棒が必要ですか。

(2)　20段が完成しました。21段を完成するにはあと何本の棒が必要ですか。

(3)　31段を完成させるには全部で何本の棒が必要ですか。

⑫ 図のように，何個かのご石を，縦・横が同じ数になるように並べると，10個あまりました。さらに，縦・横1列ずつ増やすには，あと21個たりません。ご石は全部で何個ですか。

（神奈川・森村学園中等部）

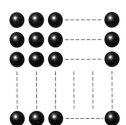

① 直線上に旗が等しい間かくをあけて，17本立っています。1本目の旗と17本目の旗は8mはなれています。この続きに同じ間かくをあけて，あと8本立てます。このとき，1本目から25本目までは何m離れていますか。　　(東京・桜美林中)

② 長さ3mの木をのこぎりで長さ50cmずつに切り分けることにします。1回切るのに2分かかり，1回切るごとに30秒間休けいします。このとき，すべて切り分けるのに□分かかります。□にあてはまる数を求めなさい。

(近畿大附和歌山中)

③ 2, 9, 16, 23, 30, …は, ある規則にしたがって並んでいます。

　100 は, はじめから数えて, ☐番目の数です。☐にあてはまる数を求め

なさい。

（神奈川・横浜富士見丘学園中等教育学校）

④ 3, 5, 9, 15, 23, 33, 45, …の 100 番目の数は☐です。☐にあては

まる数を求めなさい。

（奈良・西大和学園中）

⑤ 次のように〇, □, △が規則的に並んでいるとき, 83個目の〇が出てくるのは, はじめから数えて□□番目です。□□にあてはまる数を求めなさい。

〇□△〇〇□〇□△〇〇□〇□△〇〇□〇□△…

（神奈川・清泉女学院中）

⑥ 次のように, ある規則にしたがって数が並んでいます。

1, 1, 3, 1, 1, 9, 1, 1, 3, 1, 1, 9, 1, 1, 3, 1, 1, 9, 1, 1, …

このとき, 次の問いに答えなさい。

（東京純心女子中）

(1) 87番目の数は何ですか。

(2) 1番目から113番目までの数の和はいくつですか。

⑦ 3÷13を計算したとき，小数第1位から第100位までの各位の数をすべてたすといくつですか。

（神奈川・洗足学園中）

⑧ 次のように，あるきまりにしたがって数が並んでいます。

　　3, 2, 1, 4, 3, 2, 5, 4, 3, 6, 5, 4, 7, 6, 5, 8, 7, 6, …

次の▢にあてはまる数を求めなさい。

（東京・成城中）

(1) はじめから数えて30番目の数は▢です。

(2) はじめて23が現れるのは，はじめから数えて▢番目です。

(3) はじめの数から50番目の数までの和は▢です。

⑨ 長さ15cmの紙テープ19枚をのりでつなぎ，全体の長さを240cmにします。つなぎ目ののりしろをすべて同じ長さにすると，のりしろ1か所の長さは何cmですか。

（東京・成蹊中）

⑩ マッチ棒を正方形がつながるように並べていきます。

（神奈川・横浜英和女学院中）

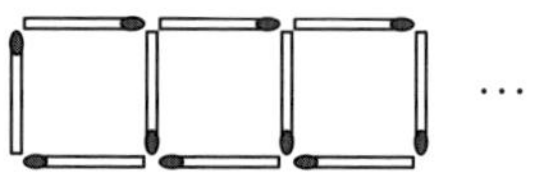

(1) 正方形を156個作るとき，マッチ棒は何本必要ですか。

(2) マッチ棒が888本あるとき，正方形は何個作れますか。

⑪ 同じ長さのマッチ棒を並べて，右の図のように，1段目，2段目，3段目，…と正三角形を作っていきます。マッチ棒を90本使ったとき，何段目まで完成していますか。

（大阪・帝塚山学院泉ヶ丘中）

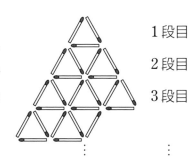

1段目
2段目
3段目

⑫ 9個の白いご石を正方形の形に並べ，そのまわりに黒いご石を等間かくに10周並べるには全部で□個の黒いご石が必要です。（右の図は，黒いご石を2周並べたものです。）□にあてはまる数を求めなさい。

（東京・香蘭女学校中等科）

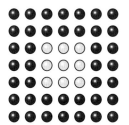

③

● 著者紹介

粟根 秀史（あわね ひでし）

　教育研究グループ「エデュケーションフロンティア」代表。森上教育研究所客員研究員。大学在学中より塾講師を始め，35年以上に亘り中学受験の算数を指導。SAPIX小学部教室長，私立さとえ学園小学校教頭を経て，現在は算数教育の研究に専念する傍ら，教材開発やセミナー・講演を行っている。また，独自の指導法によって数多くの「算数大好き少年・少女」を育て，「算数オリンピック金メダリスト」をはじめとする「算数オリンピックファイナリスト」や灘中，開成中，桜蔭中合格者等を輩出している。『中学入試 最高水準問題集 算数』『速ワザ算数シリーズ』（いずれも文英堂）等著作多数。

□ 編集協力　山口雄哉（私立さとえ学園小学校教諭）
□ 図版作成　㈲デザインスタジオ エキス.

シグマベスト
**中学入試　分野別集中レッスン
算数　規則性**

著　者　粟根秀史
発行者　益井英郎
印刷所　NISSHA株式会社
発行所　**株式会社文英堂**
　　　　〒601-8121　京都市南区上鳥羽大物町28
　　　　〒162-0832　東京都新宿区岩戸町17
　　　　（代表）03-3269-4231

中学入試

分野別

＼集中レッスン／

算数 規則性

解答・解説

文英堂

練習問題 1-❶ の答え | 問題 ➡ 本冊 5 ページ

1 10m **2** 96m **3** 35 本

解き方

1 道路の両はしに電柱が立っていますから，電柱と電柱の間の数は 10−1＝9(か所)になります。

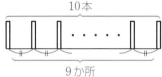

したがって，電柱と電柱の間かくは

$$90 \div 9 = \mathbf{10}(\mathbf{m})$$

2 6 番の旗から 18 番の旗までの間の数は 18−6＝12(か所)になります。

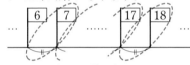

したがって，求める道のりは

$$8 \times 12 = \mathbf{96}(\mathbf{m})$$

3 桜の木と木の間の数は

$$84 \div 12 = 7(か所)$$

になります。

木と木の間に 2m おきにくいを打ったときの間の数は

$$12 \div 2 = 6(か所)$$

になりますから，木と木の間に打ってあるくいの本数は

$$6 - 1 = 5(本)$$

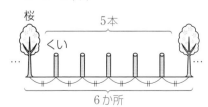

したがって，くいの本数は全部で

$$5 \times 7 = \mathbf{35}(\mathbf{本})$$

練習問題 1-❷ の答え | 問題 ➡ 本冊 7 ページ

1 30 分 **2** 20 秒 **3** 1 時間 46 分

解き方

1 2.1km(＝2100m)を 350m ごとに分けると

$$2100 \div 350 = 6$$

より，6 回に分けて進むことになります。

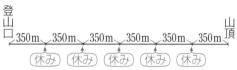

よって，休む回数は

$$6 - 1 = 5(回) \quad ←進む回数より1少ない$$

ですから，休んだ時間は全部で

$$6 \times 5 = \mathbf{30}(\mathbf{分})$$

2 右の図のように，1 階から 4 階まで上がるのに

$$4 - 1 = 3(階分)$$

だけ上がることになりますから，1 階分上がるのにかかる時間は

$$12 \div 3 = 4(秒)$$

です。したがって，1 階から 6 階までの

$$6 - 1 = 5(階分)$$

上がるのにかかる時間は

$$4 \times 5 = \mathbf{20}(\mathbf{秒})$$

3 6m(＝600cm)の丸太を 60cm ずつに切ったときの本数は

$$600 \div 60 = 10(本)$$

切る回数は

$$10 - 1 = 9(回) \quad ←丸太の本数より1少ない$$

休む回数は

$$9 - 1 = 8(回) \quad ←切る回数より1少ない$$

したがって，全部切り終わるのにかかる時間は

$$10 \times 9 + 2 \times 8 = 106(分)$$

→ 1 時間 46 分

2
日目

等差数列

問題➡本冊 9ページ

練習問題 2-❶ の答え

[1] (1) 74 (2) 43 番目

[2] (1) 294 (2) 39 番目

解き方

[1] 5 , 8 , 11, 14, 17, 20, 23, …
　　　3 3 3 3 3 3

はじめの数が 5 で 3 ずつ増えていく等差数列です。

(1) $5 + 3 \times (24 - 1) = \mathbf{74}$

(2) $(131 - 5) \div 3 + 1 = \mathbf{43}$（番目）

[2] 555, 546, 537, 528, 519, 510, 501, …
　　　　9　9　9　9　9　9

はじめの数が 555 で 9 ずつ減っていく等差数列です。

(1) $555 - 9 \times (30 - 1) = \mathbf{294}$

(2) $(555 - 213) \div 9 + 1 = \mathbf{39}$（番目）

問題➡本冊 11ページ

練習問題 2-❷ の答え

[1] 3924 [2] 14023 [3] 30972

解き方

[1] はじめの数が 4 で 6 ずつ増えていく等差数列ですから，36 番目の数は

$$4 + 6 \times (36 - 1) = 214$$

よって，求める和は

$$(4 + 214) \times 36 \div 2 = \mathbf{3924}$$

[2] はじめの数が 7 で 5 ずつ増えていく等差数列です。

並んでいる数の個数は

$$(372 - 7) \div 5 + 1 = 74（個）$$

よって，求める和は

$$(7 + 372) \times 74 \div 2 = \mathbf{14023}$$

[3] はじめの数が 12 で 8 ずつ増えていく等差数列です。

たす数の個数は

$$(700 - 12) \div 8 + 1 = 87（個）$$

よって，求める和は

$$(12 + 700) \times 87 \div 2 = \mathbf{30972}$$

練習問題 3-❶ の答え　問題➡本冊13ページ

1 (1) 307　(2) 12 番目

2 880

解き方

1　7，8，10，13，17，22，28，…
　　　　1　2　3　4　5　6

この数列は，はじめの数 7 に，「1，2，3，4，…」を順に加えてつくられています。

(1)　1 番目の数から 25 番目の数までで，加える数の個数は

$$25 - 1 = 24（個）$$

ありますから，25 番目の数は

$$7 + (1 + 2 + 3 + 4 + \cdots + 24)$$

↑加える数の合計

$$= 7 + (1 + 24) \times 24 \div 2$$
$$= \textbf{307}$$

(2)　$73 = 7 + 66$

↑加える数の合計

1 からの和で 66 となるのは

$$1 + 2 + 3 + \cdots + 10 + 11$$

より，加える数の個数は 11 個ですから，73 ははじめから数えて

$$11 + 1 = \textbf{12（番目）}$$

2　10，12，16，22，30，40，52，…
　　　　　2　4　6　8　10　12

この数列は，はじめの数 10 に，「2，4，6，8，…」の偶数を順に加えてつくられています。

1 番目の数から 30 番目の数までで，加える数の個数は

$$30 - 1 = 29（個）$$

ありますから，30 番目の数は

$$10 + (2 + 4 + 6 + 8 + \cdots + 58)$$

↑加える数の合計

$$= 10 + (2 + 58) \times 29 \div 2$$
$$= \textbf{880}$$

練習問題 3-❷ の答え　問題➡本冊15ページ

1 (1) ア 55　イ 89　(2) 33

2 (1) 162　(2) 120

解き方

1(1)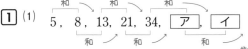

それぞれの数は，直前の 2 つの数の和になっていますから

ア は　$21 + 34 = \textbf{55}$

イ は　$34 + 55 = \textbf{89}$

(2)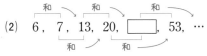

それぞれの数は，直前の 2 つの数の和になっていますから

□ は　$13 + 20 = \textbf{33}$

（次の数は，$20 + 33 = 53$ になっています）

2(1)　2，6，18，54，□，…
　　　　　×3　×3　×3　×3

それぞれの数は，直前の数の 3 倍になっていますから

$$□ = 54 \times 3 = \textbf{162}$$

(2)　1，2，6，24，□，720，…
　　　×2　×3　×4　×5　　×6

それぞれの数は，最初の数から順に 2 倍，3 倍，4 倍，…となっていますから

$$□ = 24 \times 5 = \textbf{120}$$

（次の数は，$120 \times 6 = 720$ になっています）

1	150m	2	16 本	3	24 秒
4	9	5	554	6	42 番目
7	13625	8	5334	9	14 番目
10	1523	11	(1) 37　(2) 1875　(3) 600		

解き方

1 池のまわりに木を植える場合，間の数は木の本数と等しく，25 か所になりますから，池のまわりの長さは

$$6 \times 25 = \textbf{150}\,\textbf{(m)}$$

2 木と木の間の数は

$$9 - 1 = 8\,(か所)$$

より，木の間かくは

$$72 \div 8 = 9\,(m)$$

になります。

木と木の間に 3m おきにくいを打ったときの間の数は

$$9 \div 3 = 3\,(か所)$$

になりますから，木と木の間に打ってあるくいの本数は

$$3 - 1 = 2\,(本)$$

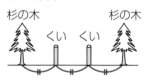

杉の木　　くい　くい　　杉の木

したがって，くいの本数は全部で

$$2 \times 8 = \textbf{16}\,\textbf{(本)}$$

3 2 階から 7 階まで上がるのに

$$7 - 2 = 5\,(階分)$$

だけ上がることになりますから，1 階分上がるのにかかる時間は

$$15 \div 5 = 3\,(秒)$$

です。したがって，4 階から 12 階までの

$$12 - 4 = 8\,(階分)\,上がるのにかかる時間は$$

$$3 \times 8 = \textbf{24}\,\textbf{(秒)}$$

4 5.6m（＝560cm）の丸太を 70cm ずつに切ったときの本数は

$$560 \div 70 = 8\,(本)$$

切る回数は

$$8 - 1 = 7\,(回)　◀丸太の本数より1少ない$$

休む回数は

$$7 - 1 = 6\,(回)　◀切る回数より1少ない$$

したがって，切るのにかかる時間の合計は

$$69 - 1 \times 6 = 63\,(分)$$

になりますから，1 回切るのにかかる時間は

$$63 \div 7 = \textbf{9}\,\textbf{(分)}$$

5 はじめの数が 1 で 7 ずつ増えていく等差数列ですから，80 番目の数は

$$1 + 7 \times (80 - 1) = \textbf{554}$$

6 はじめの数が 13 で 5 ずつ増えていく等差数列ですから，218 ははじめから数えて

$$(218 - 13) \div 5 + 1 = \textbf{42}\,\textbf{(番目)}$$

7 はじめの数が 3 で 11 ずつ増えていく等差数列ですから，50 番目の数は

$$3 + 11 \times (50 - 1) = 542$$

よって，求める和は

$$(3 + 542) \times 50 \div 2 = \textbf{13625}$$

8 はじめの数が 250 で 6 ずつ減っていく等差数列です。

並んでいる数の個数は

$$(250 - 4) \div 6 + 1 = 42\,(個)$$

よって，求める和は

$$(250 + 4) \times 42 \div 2 = \textbf{5334}$$

9 5，　6，　8，　11，　15，　20，　26，　…
　　　　1　　2　　3　　4　　5　　6

この数列は，はじめの数 5 に，「1，2，3，4，…」を順に加えてつくられています。

$$96 = 5 + 91　◀加える数の合計$$

$$= 5 + (1 + 2 + 3 + \cdots + 13)$$

より，加える数の個数が 13 個あることがわかりますから，96 ははじめから数えて

$$13 + 1 = \textbf{14}\,\textbf{(番目)}$$

10 2，3，6，11，18，27，38，…

この数列は，はじめの数 2 に「1，3，5，7，…」
の奇数を順に加えてつくられています。
1 番目の数から 40 番目の数までで，加える数
の個数は

$$40-1=39（個）$$

加える数の 39 番目の奇数は

$$1+2×(39-1)=77$$

ですから，はじめから数えて 40 番目の数は

$$2+\underline{(1+3+5+7+\cdots+77)}✏$$

$$=2+(1+77)×39÷2 \quad ⬆加える数の合計$$

$$=\mathbf{1523}$$

11 (1)

1，4，5，9，14，23，□，60，…

それぞれの数は，直前の 2 つの数の和✏に
なっていますから

$$□=14+23=\mathbf{37}$$

（次の数は，23+37=60 になっています）

(2) 3，15，75，375，□，9375，…
　　　×5　×5　×5　×5　　　×5

それぞれの数は，直前の数の 5 倍✏になっ
ていますから

$$□=375×5=\mathbf{1875}$$

（次の数は，1875×5=9375 になっています）

(3) 5，5，10，30，120，□，3600，…
　　×1　×2　×3　×4　×5　　×6

それぞれの数は，最初の数から順に 1 倍，2
倍，3 倍，4 倍，…✏となっていますから

$$□=120×5=\mathbf{600}$$

（次の数は，600×6=3600 になっています）

5日目 周期をとらえる①

練習問題 5-❶ の答え
問題➡本冊21ページ

1 □　　**2** 47個　　**3** 43個

解き方

1 周期を見つけて考えます。

○, ○, □, ○, △, □ |
○, ○, □, ○, △, □ |
○, ○, □, ○, △, □ | …

「○, ○, □, ○, △, □」の6個の記号で1つの周期になっています。

$$123 \div 6 = 20 \text{ あまり } 3$$

したがって，123番目の記号は□です。

2 周期を見つけて考えます。

●●○●○○ | ●●○●○○ |
●●○●○○ | ●●○●○○ | …

「●●○●○○」の6個で1つの周期になっています。

$$95 \div 6 = 15 \text{ あまり } 5$$

1つの周期の中に○は3個ずつあり，あまりの中にも○は2個ありますから，○の個数は全部で

$$3 \times 15 + 2 = 47 \text{(個)}$$

3 周期を見つけて考えます。

ABCADBA | ABCADBA |
ABCADBA | ABCADBA | …

「ABCADBA」の7個の文字で1つの周期になっています。

$$150 \div 7 = 21 \text{ あまり } 3$$

1つの周期の中にBは2個ずつあり，あまりの中にもBは1個ありますから，Bの個数は全部で

$$2 \times 21 + 1 = 43 \text{(個)}$$

練習問題 5-❷ の答え
問題➡本冊23ページ

1 221　　**2** 40番目　　**3** 63番目

解き方

1 周期を見つけて考えます。

2, 3, 2, 2, | 2, 3, 2, 2, |
2, 3, 2, 2, | 2, 3, 2, 2, | …

「2, 3, 2, 2」の4個の数で1つの周期になっていますから

$$98 \div 4 = 24 \text{ あまり } 2$$

1つの周期に並ぶ数の和は，$2+3+2+2=9$になりますから，1番目から98番目までの数の和は

$$9 \times 24 + 2 + 3 = 221$$

2 周期を見つけて考えます。

7, 8, 9, 7, 9, 7, |
7, 8, 9, 7, 9, 7, |
7, 8, 9, 7, 9, 7, | …

「7, 8, 9, 7, 9, 7」の6個の数で1つの周期になっています。

1つの周期の中に7は3回出てきますから

$$20 \div 3 = 6 \text{ あまり } 2$$

より，20回目に出てくる7は，第7周期の4番目の数になることがわかります。

第1周期　　　　　　　第2周期
⑦8, 9,⑦9,⑦ | ⑦8, 9,⑦9,⑦ |
第6周期　　　　　　　第7周期
…, | ⑦8, 9,⑦9,⑦ | ⑦8, 9,⑦9, 7, | …

↑
20回目に
出てくる7

したがって，20回目に出てくる7は，はじめから数えて

$$6 \times 6 + 4 = 40 \text{(番目)}$$

8

3 周期を見つけて考えます。

1, 6, 4, 1, 5, │

1, 6, 4, 1, 5, │

1, 6, 4, 1, 5, │

1, 6, 4, 1, 5, │ …

「1, 6, 4, 1, 5」の5個の数で1つの周期に
なっています。1つの周期に並ぶ数の和は，

$1+6+4+1+5=17$ になりますから

$215 \div 17 = 12$ あまり $\underline{11}$
周期　　　　　　　　↑1+6+4

12周期
┌─────────────────────────────┐
1, 6, 4, 1, 5, │ …, │ 1, 6, 4, 1, 5, │
└──和11──┘

1, 6, 4, 1, 5, │ …

よって，第13周期の3番目までの和になって
いますから，はじめから数えて

$5 \times 12 + 3 = \mathbf{63}$（番目）

までの数をたしたときになります。

1 4　　**2** 2　　**3** 6

解き方

1 2を次々にかけ合わせたときの一の位の数は

$$2, \ 2\times2=\underline{4}, \ 4\times2=\underline{8},$$
$$8\times2=1\underline{6}, \ 6\times2=1\underline{2} \quad \cdots$$

のように，「2，4，8，6」の4個の数のくり返し（周期）になることがわかります。

$$70\div4=17 \text{ あまり } 2$$
周期　　　　　　2 4

より，求める数は **4** です。

2 6÷37の筆算は右のようになります。

あまりの数がわられる数の6と同じになるまで求めると，このあとは同じわり算をくり返すことになりますから，商は「162」の3個の数の並びがくり返されることがわかります。

```
      0. 1 6 2
37 ) ⑥. 0
      3 7
      2 3 0
      2 2 2
          8 0
          7 4
            ⑥
            ↑
    ここで，6÷37の
    6と同じになる
```

$$6\div37=0. \ | \ 162 \ | \ 162 \ | \ 162 \ | \ \cdots$$
$$60\div3=20（周期）$$

より，求める数は，周期の最後の数で **2** です。

3 $\frac{1}{13}$ を小数で表すときは，分子を分母でわって，1÷13を計算します。

筆算をすると右のようになり，あまりの数がわられる数の1と同じになるまで求めると，このあとは同じわり算をくり返すことになりますから，商は「076923」の6個の数の並びがくり返されることがわかります。

```
          0. 0 7 6 9 2 3
13 ) ①. 0 0
        9 1
        9 0
        7 8
        1 2 0
        1 1 7
            3 0
            2 6
              4 0
              3 9
                ①
                ↑
      ここで，1÷13の
      1と同じになる
```

$$\frac{1}{13}=0. \ | \ 076923 \ | \ 076923 \ | \ 07\cdots$$
$$75\div6=12 \text{ あまり } 3$$
周期　　　　　　0 7 6

より，答えは **6** です。

1　12月30日…木曜日，8月11日…水曜日

2　10月10日…水曜日，4月4日…水曜日

解き方

1　10月12日から12月30日までの日数は

$$\underset{10月}{(31-11)}+\underset{11月}{30}+\underset{12月}{30}\ =80（日）$$

曜日は10月12日の火曜日から始まる「火水木
金土日月」の7日が1つの周期になっていますから

$$\underset{周期}{80\div7}=11\text{あまり}\underset{火水木}{3}$$

よって，12月30日は**木曜日**です。

8月11日から10月12日までの日数は

$$\underset{8月}{(31-10)}+\underset{9月}{30}+\underset{10月}{12}\ =63（日）$$

曜日は10月12日の火曜日から始まって逆に
もどる「火月日土金木水」の7日が1つの周期
になっていますから

$$63\div7=9（周期）$$

よって，8月11日は周期の最後の曜日で**水曜
日**です。

2　7月7日から10月10日までの日数は

$$\underset{7月}{(31-6)}+\underset{8月}{31}+\underset{9月}{30}+\underset{10月}{10}\ =96（日）$$

曜日は7月7日の土曜日から始まる「土日月火水
木金」の7日が1つの周期になっていますか
ら

$$\underset{周期}{96\div7}=13\text{あまり}\underset{土日月火水}{5}$$

よって，10月10日は**水曜日**です。

4月4日から7月7日までの日数は

$$\underset{4月}{(30-3)}+\underset{5月}{31}+\underset{6月}{30}+\underset{7月}{7}\ =95（日）$$

曜日は7月7日の土曜日から始まって逆にも
どる「土金木水火月日」の7日が1つの周期に
なっていますから

$$\underset{周期}{95\div7}=13\text{あまり}\underset{土金木水}{4}$$

よって，4月4日は**水曜日**です。

6 日目

周期をとらえる②

練習問題 **7-❶** の答え

問題 ➡ 本冊29ページ

1 68番目　　**2** 492

解き方

1 数列を4個ずつに区切って組に分け，組に番号をつけます。

$$1, \ 2, \ 3, \ 4, \ | \ 2, \ 3, \ 4, \ 5, \ |$$
1組　　　　　　　2組

$$3, \ 4, \ 5, \ 6, \ | \ 4, \ 5, \ 6, \ 7, \ | \ \cdots$$
3組　　　　　　　4組　　　　　　…

4以上の数ではじめて現れる数は，それぞれの組の4番目の数になりますから，はじめて20が現れるのは(17, 18, 19, 20)の組になります。またそれぞれの組の1番目の数は組の番号と同じになっていますから，20は17組の4番目になることがわかります。

よって，はじめから数えて

$$4 \times 17 = \textbf{68}（番目）$$

2 数列を3個ずつに区切って組に分け，組に番号をつけます。

$$3, \ 1, \ 2, \ | \ 4, \ 2, \ 3, \ |$$
1組　　　　　2組

$$5, \ 3, \ 4, \ | \ 6, \ 4, \ 5, \ | \ \cdots$$
3組　　　　　4組　　　　…

はじめから数えて50番目の数は

$$50 \div 3 = 16 \text{あまり} 2$$

より，17組の2番目の数です。

> 組の番号とその組の数列との対応関係は
> $\square$組→($\square$+2, $\square$, $\square$+1)
> となっている。

まず，16組までの和を求めます。

1組の和は　　$3+1+2=6$
2組の和は　　$4+2+3=9$　　$+3$
3組の和は　　$5+3+4=12$　　$+3$
　　　　　　　　　　　$\vdots$　　　$+3$
16組の和は　$18+16+17=51$

はじめの数が6で，3ずつ増えていく等差数列になっていますから，その和は

$$(6+51) \times 16 \div 2 = 456$$

17組の1番目と2番目の数の和は

$$19+17=36$$

したがって，はじめから50番目までの数の和は

$$456+36=\textbf{492}$$

1 $\dfrac{5}{7}$　　**2** $67\dfrac{1}{3}$

解き方

1 数列を組に分け，組に番号をつけます。

$$\underbrace{\dfrac{1}{1},}_{1組}\,\bigg|\,\underbrace{\dfrac{1}{2},\dfrac{2}{1},}_{2組}\,\bigg|\,\underbrace{\dfrac{1}{3},\dfrac{2}{2},\dfrac{3}{1},}_{3組}\,\bigg|\,\underbrace{\dfrac{1}{4},\dfrac{2}{3},\dfrac{3}{2},\dfrac{4}{1},}_{4組}\,\bigg|\,\cdots$$

$$60 = \underline{(1+2+3+4+\cdots+10 \; \diagup \;)}+5$$

⬆10組までに並ぶ分数の個数の和

より，はじめから数えて 60 番目の数は，11 組の 5 番目です。

11 組を 1 番目から書いていくと

$$\dfrac{1}{11},\;\dfrac{2}{10},\;\dfrac{3}{9},\;\dfrac{4}{8},\;\dfrac{5}{7},\;\cdots$$ ◀ どの分数も分母と分子の和が12になっています

よって，求める分数は $\dfrac{\mathbf{5}}{\mathbf{7}}$

2 数列を組に分け，組に番号をつけます。

$$\underbrace{\dfrac{1}{1},}_{1組}\,\bigg|\,\underbrace{\dfrac{1}{2},\dfrac{3}{2},}_{2組}\,\bigg|\,\underbrace{\dfrac{1}{3},\dfrac{3}{3},\dfrac{5}{3},}_{3組}\,\bigg|\,\underbrace{\dfrac{1}{4},\dfrac{3}{4},\dfrac{5}{4},\dfrac{7}{4},}_{4組}\,\bigg|\,\cdots$$

$$70 = \underline{(1+2+3+4+\cdots+10+11 \; \diagup \;)}+4$$

⬆11組までに並ぶ分数の個数の和

より，はじめから数えて 70 番目の数は，12 組の 4 番目です。

右のように各組ごとの和を求めると，<u>1 からはじまる連続した整数の列になっている</u> ✏ ことがわかりますから，1 組から 11 組までの分数の和は

1 組　$\dfrac{1}{1}=1$

2 組　$\dfrac{1}{2}+\dfrac{3}{2}=2$

3 組　$\dfrac{1}{3}+\dfrac{3}{3}+\dfrac{5}{3}=3$

4 組　$\dfrac{1}{4}+\dfrac{3}{4}+\dfrac{5}{4}+\dfrac{7}{4}=4$
　　　　　　⋮

$$1+2+3+4+\cdots+10+11=66$$

したがって，12 組の 4 番目までの和（1 番目から 70 番目までの和）は

$$66+\dfrac{1}{12}+\dfrac{3}{12}+\dfrac{5}{12}+\dfrac{7}{12}=\mathbf{67}\dfrac{\mathbf{1}}{\mathbf{3}}$$

8日目

5日目～7日目の復習

1	18 個	**2**	232 枚	**3**	66 番目
4	360 番目	**5**	2	**6**	0
7	水曜日	**8**	火曜日	**9**	122 番目
10	489	**11**	14	**12**	21

✏ 解き方

1 「□○□△」の 4 個の記号で 1 つの周期✏に
なっています。

$$35 \div 4 = 8 \text{ あまり } 3$$
周期

1 つの周期の中に□は 2 個ずつあり，あまりの中
にも□は 2 個ありますから，□の個数は全部で

$$2 \times 8 + 2 = \mathbf{18}(個)$$

2 「💿💿💿💿💿」の 5 枚のこう貨で 1 つの周
期✏になっています。

1 つの周期の金額は

$$10 \times 3 + 50 \times 2 = 130(円)$$

より，周期の数とあまりの金額を求めると

$$6000 \div 130 = 46 \text{ あまり } 20 ✏$$
周期　　　　　　　　　　　⬆ 10+10

したがって，こう貨の枚数は全部で

$$5 \times 46 + 2 = \mathbf{232}(枚)$$

3 「1，3，2，3」の 4 個の数で 1 つの周期✏に
なっています。

1 つの周期の中に 3 は 2 回出てきますから

$$33 \div 2 = 16 \text{ あまり } 1$$
周期　　　　　　1 ③

より，33 回目に出てくる 3 は，第 17 周期の 2
番目の数になることがわかります。

したがって，33 回目に出てくる 3 は，はじめ
から数えて

$$4 \times 16 + 2 = \mathbf{66}(番目)$$

4 「$\dfrac{1}{2}$，$\dfrac{1}{3}$，$\dfrac{1}{4}$」の 3 個の分数で 1 つの周期✏
になっています。

1 つの周期に並ぶ数の和は

$$\frac{1}{2} + \frac{1}{3} + \frac{1}{4} = \frac{13}{12}$$

になります。

$$130 \div \frac{13}{12} = 120(周期)$$

より，合計が 130 になるのは，はじめから

$$3 \times 120 = \mathbf{360}(番目)$$

までの数をたしたときになります。

5 8 を次々にかけ合わせたときの一の位の数は

$$\underline{8}, \ 8 \times 8 = 6\underline{4}, \ 4 \times 8 = 3\underline{2},$$
$$2 \times 8 = 1\underline{6}, \ 6 \times 8 = 4\underline{8} ✏, \ \cdots$$

のように，「8，4，2，6」の 4 個の数のくり返
し(周期)になる✏ことがわかります。

$$99 \div 4 = 24 \text{ あまり } 3$$
周期　　　　　8 4 2

より，8 を 99 回かけたときの一の位の数は **2**
になります。

6 $\dfrac{11}{101}$ を小数で表すと
きは，分子を分母でわっ
て，$11 \div 101$ を計算し
ます。筆算をすると右
のようになり，あまり
の数がわられる数の 11
と同じになるまで求め
ると，このあとは同じ

```
        0.1 0 8 9
101) 1 1.0
     1 0 1
       9 0 0
       8 0 8
         9 2 0
         9 0 9
          (1 1)
           ⬆
ここで，11÷101の
11と同じになる
```

わり算をくり返すことになりますから，商は
「1089」の 4 個の数の並びがくり返される✏こ
とがわかります。したがって

$$30 \div 4 = 7 \text{ あまり } 2$$
周期　　　　　1 0

より，答えは **0** です。

7 5月15日から11月20日までの日数は

$$\underset{5月}{(31-14)}+\underset{6月}{30}+\underset{7月}{31}+\underset{8月}{31}+\underset{9月}{30}+\underset{10月}{31}+\underset{11月}{20}$$

$$=190（日）$$

曜日は5月15日の水曜日から始まる「水木金土日月火」の7日が1つの周期になっていますから

$$\underset{周期}{190}\div 7=27\ あまり\ \underset{水}{1}$$

よって，11月20日は**水曜日**です。

8 1月23日から8月6日までの日数は

$$\underset{1月}{(31-22)}+\underset{2月}{28}+\underset{3月}{31}+\underset{4月}{30}+\underset{5月}{31}+\underset{6月}{30}+\underset{7月}{31}+\underset{8月}{6}$$

$$=196（日）$$

曜日は8月6日の月曜日から始まって逆にもどる「月日土金木水火」の7日が1つの周期になっていますから

$$196\div 7=28（周期）$$

よって，1月23日は周期の最後の曜日で**火曜日**でした。

9 1, 5, 3, | 2, 6, 4, | 3, 7, 5, |
   1組   2組   3組

  4, 8, 6, | 5, 9, 7, | 6, ⋯
    4組   5組   ⋯

> 組の番号とその組の数列との対応関係は
> □組→(□, □+4, □+2)
> となっている。

5以上の数で，はじめて現れる数は，それぞれの組の2番目の数になりますから，はじめて45が現れるのは(41, **45**, 43)の組になります。したがって，45は41組の2番目ですから，最初から数えて

$$3\times 40+2=\textbf{122（番目）}$$

10 4, 1, 3, 2, | 5, 2, 4, 3, | 6, 3, 5, 4, |
    1組   2組   3組
   7, 4, 6, 5, | 8, 5, ⋯
    4組   ⋯

> 組の番号とその組の数列との対応関係は
> □組→(□+3, □, □+2, □+1)
> となっている。

はじめから数えて55番目の数は

$$55\div 4=13\ あまり\ 3$$

より，14組の3番目の数です。まず，13組までの和を求めます。

1組の和は $4+1+3+2=10$
2組の和は $5+2+4+3=14$
3組の和は $6+3+5+4=18$
            ⋮   （+4）
13組の和は $16+13+15+14=58$

はじめの数が10で4ずつ増えていく等差数列になっていますから，その和は

$$(10+58)\times 13\div 2=442$$

14組の1番目から3番目までの数の和は

$$17+14+16=47$$

したがって，1番目の数から55番目の数までの和は

$$442+47=\textbf{489}$$

11 1, | 2, 2, | 3, 3, 3, | 4, 4, 4, 4, |
  1組   2組   3組   4組
  5, 5, 5, 5, 5, | 6, 6, ⋯
      5組   ⋯

$$100=\underset{\text{13組までに並ぶ数の個数の和}}{(1+2+3+4+\cdots+12+13)}+9$$

より，はじめから数えて100番目の数は14組の9番目です。

それぞれの組に並ぶ数は，組の番号と同じですから，求める数は**14**です。

12 $\dfrac{1}{2},$ | $\dfrac{2}{3}, \dfrac{1}{3}$ | $\dfrac{3}{4}, \dfrac{2}{4}, \dfrac{1}{4}$ | $\dfrac{4}{5}, \dfrac{3}{5}, \dfrac{2}{5}, \dfrac{1}{5}$ |

1組　　2組　　　3組　　　　　4組

$\dfrac{5}{6}, \dfrac{4}{6}, \dfrac{3}{6}, \cdots$

5組　　　　…

$$40 = \underline{(1+2+3+4+5+6+7+8\,\text{✎})} + 4$$

↑ 8組までに並ぶ分数の個数の和

より，はじめから数えて 40 番目の数は 9 組の 4 番目です。

1 組の和は　$\dfrac{1}{2}$，2 組の和は　$\dfrac{2}{3} + \dfrac{1}{3} = 1$，

3 組の和は　$\dfrac{3}{4} + \dfrac{2}{4} + \dfrac{1}{4} = 1\dfrac{1}{2}$，

4 組の和は　$\dfrac{4}{5} + \dfrac{3}{5} + \dfrac{2}{5} + \dfrac{1}{5} = 2$，…

より，各組の和は，<u>はじめの数が $\dfrac{1}{2}$ で $\dfrac{1}{2}$ ずつ増えていく等差数列</u>✎ になっていますから，

8 組の和は　$\dfrac{1}{2} + \dfrac{1}{2} \times (8-1) = 4$

よって，1 組から 8 組までの数の和は

$$\left(\dfrac{1}{2} + 4\right) \times 8 \div 2 = 18$$

したがって，9 組の 4 番目までの和は

$$18 + \dfrac{9}{10} + \dfrac{8}{10} + \dfrac{7}{10} + \dfrac{6}{10} = \mathbf{21}$$

練習問題 9-❶ の答え　問題➡本冊37ページ

$\boxed{1}$ 213cm　$\boxed{2}$ 13 枚　$\boxed{3}$ 1.5cm

解き方

$\boxed{1}$ テープの重なり方は下の図のようになります。

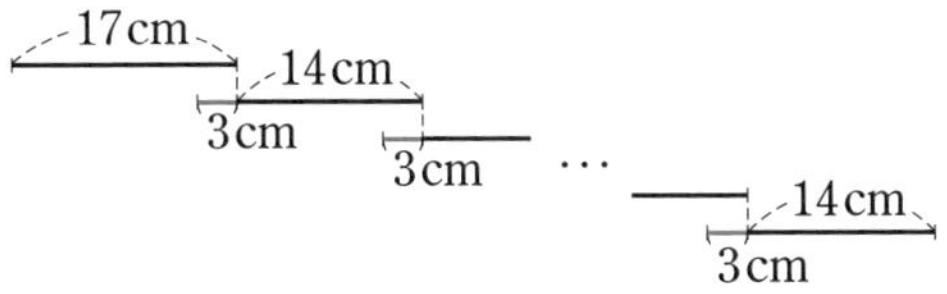

テープをつないでいくと，はじめの長さは17cmで，1本つなぐごとに(17−3＝)14cm ずつ長くなっていきます。

したがって，15本のテープをつないだときの全体の長さは

$$17 + 14 \times (15 - 1) = \textbf{213}\,(\textbf{cm})$$

（別解）　15本のテープをつなぐと，のりしろは(15−1＝)14か所必要になります。

のりしろをとらずにまっすぐに並べたときより，のりしろの長さの分だけ短くなりますから，15本つないだときの全体の長さは

$$17 \times 15 - 3 \times 14 = \textbf{213}\,(\textbf{cm})$$

$\boxed{2}$ つないだテープ全体の長さは

$$1116 \div 6 = 186\,(\text{cm})$$

テープの重なり方は下の図のようになります。

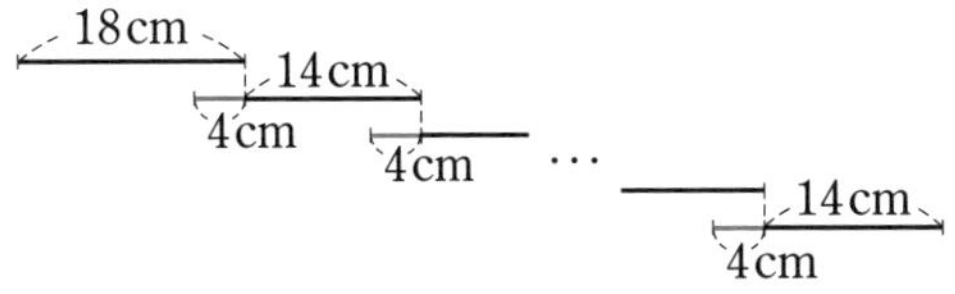

テープをつないでいくと，はじめの長さは18cmで，1枚つなぐごとに(18−4＝)14cm ずつ長くなっていきます。

したがって，つないだテープの枚数は

$$(186 - 18) \div 14 + 1 = \textbf{13}\,(\textbf{枚})$$

$\boxed{3}$ 25本のテープをつなぐと，のりしろは(25−1＝)24か所必要になります。

のりしろをとらずにまっすぐに並べたときより，のりしろの長さの分だけ短くなりますから，のりしろ1か所の長さを□cmとすると

$$\underset{\substack{\uparrow\\ \text{1本の長さ×本数}}}{10 \times 25} - \underset{\substack{\uparrow\\ \text{のりしろ×(本数−1)}}}{\square \times 24} = 214$$

$$\square \times 24 = 10 \times 25 - 214$$
$$\square \times 24 = 36$$
$$\square = 36 \div 24 = \textbf{1.5}\,(\textbf{cm})$$

練習問題 9-❷ の答え　問題➡本冊39ページ

$\boxed{1}$ (1) 51cm　(2) 19 個

$\boxed{2}$ (1) 97.6cm　(2) 26 個

解き方

$\boxed{1}$ (1)　輪の太さの2つ分は

$$6 - 5 = 1\,(\text{cm})$$

より，10個の輪をつないでできるくさりの長さは

$$\underset{\substack{\uparrow\\ \text{内径×個数+(外径−内径)}}}{5 \times 10 + 1} = \textbf{51}\,(\textbf{cm})$$

(2)　□個の輪をつないだとして式をつくると

$$5 \times \square + 1 = 96$$

となります。□を求めると

$$\square = (96 - 1) \div 5 = \textbf{19}\,(\textbf{個})$$

$\boxed{2}$ (1)　リングの内径は

$$8 - 0.8 \times 2 = 6.4\,(\text{cm})$$

より，リングを15個つないでできるくさりの長さは

$$\underset{\substack{\uparrow\\ \text{内径×個数+太さ×2}}}{6.4 \times 15 + 0.8 \times 2} = \textbf{97.6}\,(\textbf{cm})$$

(2)　□個のリングをつないだとして式をつくると

$$6.4 \times \square + 0.8 \times 2 = 168$$

となります。□を求めると

$$\square = (168 - 0.8 \times 2) \div 6.4 = \textbf{26}\,(\textbf{個})$$

10 日目

棒を並べる問題

練習問題 10-❶ の答え 問題➡本冊41ページ

1 (1) 102 本　(2) 37 個　　**2** 112cm

解き方

1 長方形が1個増えるごとに，マッチ棒は何本ずつ増えていくかを考えます。

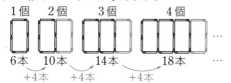

1個　2個　3個　4個　…
6本　10本　14本　18本　…
+4本　+4本　+4本

マッチ棒の本数は，はじめの数が6で4ずつ増えていく等差数列になっています。

(1) $6+4\times(25-1)=$ **102(本)**

(2) $(150-6)\div4+1=$ **37(個)**

2 立方体が1個増えるごとに，竹ひごは何本ずつ増えていくかを考えます。

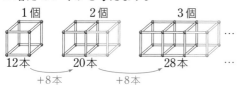

1個　2個　3個　…
12本　20本　28本　…
+8本　+8本

竹ひごの本数は，はじめの数が12で8ずつ増えていく等差数列になっています。

$(120-12)\div8=13$ あまり 4

より，8本を13回つけ加えたときにできる立方体の個数は

$13+1=14$(個)

したがって，ABの長さは

$8\times14=$ **112(cm)**

練習問題 10-❷ の答え 問題➡本冊43ページ

1 75 本　　**2** 460 本

解き方

1 1番目の図形から順に，使われている棒の本数を調べると下のようになります。

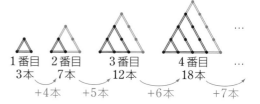

1番目　2番目　3番目　4番目　…
3本　7本　12本　18本　…
+4本　+5本　+6本　+7本

使われている棒の本数は，はじめの数3に「4，5，6，7，…」を順に加えてつくられている数列になっていることがわかります。

したがって，10番目の形に使われている棒の本数は全部で

$3+\underbrace{(4+5+6+7+8+9+10+11+12)}_{\text{加える数9個の合計}}$

$=\underset{\substack{\text{↑はじめの数が3，終わりの数が12，個数が10の}\\\text{等差数列の和}}}{3+4+5+\cdots+12}$

$=(3+12)\times10\div2$　(はじめの数＋終わりの数)×個数÷2

$=$ **75(本)**

2 1段の図形から順に，使われているマッチ棒の本数を調べると下のようになります。

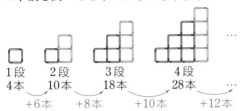

1段　　2段　　3段　　　4段　　　　…
4本　　10本　　18本　　　28本
　　+6本　　+8本　　+10本　　+12本

使われているマッチ棒の本数は，はじめの数4に「6，8，10，12，…」を順に加えてつくられている数列になっている🖊ことがわかります。

20段の図形のとき，加える数の個数は
$(20-1=)19$個です。

19個目の加える数は
$$6+2\times(19-1)=42$$

したがって，20段の図形に使われているマッチ棒の本数は全部で
$$4+\underbrace{(6+8+10+12+\cdots+42)}_{\text{加える数19個の合計}}$$

$=4+6+8+\cdots+42$

⬆ はじめの数が4，終わりの数が42，個数が20の等差数列の和

$=(4+42)\times20\div2$ ◀（はじめの数＋終わりの数）
　　　　　　　　　　　　　　×個数÷2

$=$ **460（本）**

練習問題 11-❶ の答え　　問題➡本冊45ページ

1 36個　　**2** (1) 21個　(2) 15個

3 (1) 70個　(2) 30個　(3) 38個

解き方

1 $100 = 10 \times 10$ より，正方形の1辺に並ぶご石の数は10個ですから，いちばん外側のひとまわりに並ぶご石の数は

$$(10-1) \times 4 = 36 \text{(個)}$$

2 (1) 上から1段目には1個，2段目には2個，3段目には3個，…，6段目には6個のご石が並んでいますから，ご石の個数は全部で

$$1+2+3+4+5+6 = 21 \text{(個)}$$

(2) 右の図のように，まわりのご石を個数の等しい3つの部分に分けて考えると，求める個数は

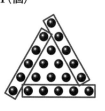

$$(6-1) \times 3 = 15 \text{(個)}$$

3 (1) 長方形の面積の求め方と同じように考えて

$$7 \times 10 = 70 \text{(個)}$$

(2) 右の図1のように4つの部分に分けて考えると，求める個数は

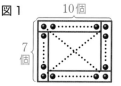

図1

$$(7-1) \times 2 + (10-1) \times 2 = 30 \text{(個)}$$

(3) この長方形の外側にもうひとまわりご石を並べると，右の図2のようになります。

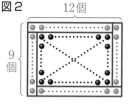

図2

ひとまわり増やしたときの縦，横はそれぞれ2個ずつ増えて縦は$(7+2=)$9個，横は$(10+2=)$12個になりますから，(2)と同じように考えて，求める個数は

$$(9-1) \times 2 + (12-1) \times 2 = 38 \text{(個)}$$

（別解）

縦，横それぞれ2個ずつ増えると，まわりは，

$$2 \times 2 + 2 \times 2 = 8 \text{(個)}$$増えます。このことと，(2)の結果から，求める個数は

$$30 + 8 = 38 \text{(個)}$$

中空方陣のいちばん内側の1辺の個数は，これ
よりも2個多く，（6+2=）8個になりますから，
いちばん内側の1まわりに並ぶご石の個数は

$$(8-1)\times4=\mathbf{28}（個）$$

1 12個　　2 192個　　3 28個

解き方

1 右の図のように，全
体を4つの同じ大きさ
の長方形のブロックに
分けて考えます。

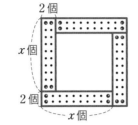

1つのブロックに並ぶ
ご石の数は

$$80\div4=20（個）$$

これから，図の x にあてはまる数は

$$20\div2=10（個）$$

したがって，外側の1辺に並ぶご石の数は

$$10+2=\mathbf{12}（個）$$

2 右の図のように，
全体を4つの同じ
大きさの長方形の
ブロックに分けて
考えます。

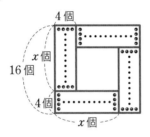

図の x にあてはま
る数は

$$16-4=12（個）$$

ですから，1つのブロックに並ぶご石の数は

$$12\times4=48（個）$$

したがって，ご石の個数は全部で

$$48\times4=\mathbf{192}（個）$$

3 右の図のように，
全体を4つの同じ
大きさの長方形の
ブロックに分けて
考えます。

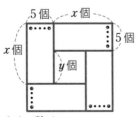

1つのブロックに並ぶご石の数は

$$220\div4=55（個）$$

これから，図の x にあてはまる数は

$$55\div5=11（個）$$

図の y にあてはまる数は

$$11-5=6（個）$$

1 22本　　　　　**2** 16

3 (1) 21mm　(2) 32個　　**4** 2cm

5 (1) 24個　(2) 49本　　**6** 171本

7 38　　　　　**8** 1395本

9 (1) 81個　(2) 32個　　**10** 140個

11 (1) 225個　(2) 27段

12 (1) 14個　(2) 36個

解き方

1 テープをつないでいくと，はじめの長さは
13cmで，1本つなぐごとに(13−1＝)12cmず
つ長くなっていきます。

したがって，つないだテープの本数は

$$(265−13)÷12+1=\textbf{22}(\textbf{本})$$

2 20本のテープをつなぐと，のりしろは
(20−1＝)19か所必要になります。のりし
ろをとらずにまっすぐに並べたときより，のり
しろの長さの分だけ短くなりますから

$$□×20−2×19=282$$
$$□×20=282+2×19$$
$$□×20=320$$
$$□=320÷20=\textbf{16}(\textbf{cm})$$

3 (1) この輪の内径は

$$9−1.5×2=6(\text{mm})$$

ですから，輪を3個つないだときの全体の長
さは

$$6×3+1.5×2=\textbf{21}(\textbf{mm})$$

⬆ 内径×個数＋太さ×2

(2) □個の輪をつないだとして，式をつくると

$$6×□+1.5×2=195$$
$$□=(195−3)÷6=\textbf{32}(\textbf{個})$$

4 この輪の太さを□cmとして，式をつくると

$$7×50+□×2=354$$

⬆ 内径×個数＋太さ×2

$$□=(354−350)÷2=\textbf{2}(\textbf{cm})$$

5 (1)　$$72÷6=12$$
$$2×12=\textbf{24}(\textbf{個})$$

(2) 正三角形が1個増えるごとに，棒は何本
ずつ増えていくかを考えます。

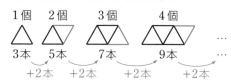

使った棒の本数は，はじめの数が3で2ず
つ増えていく等差数列になっていますか
ら，24個の正三角形を作ったときは

$$3+2×(24−1)=\textbf{49}(\textbf{本})$$

6 番目の数が1増えるごとに，マッチ棒は何本
ずつ増えていくかを考えます。

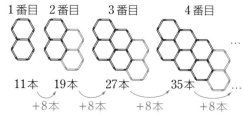

必要なマッチ棒の本数は，はじめの数が11で
8ずつ増えていく等差数列になっています
から，21番目では

$$11+8×(21−1)=\textbf{171}(\textbf{本})$$

7 番目の数が1増えるごとに，マッチ棒は何本
ずつ増えていくかを考えます。

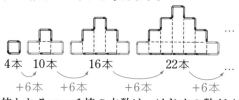

使われるマッチ棒の本数は，はじめの数が4で
6ずつ増えていく等差数列になっています
から，226本のマッチ棒を使うのは

$$(226−4)÷6+1=\textbf{38}(\textbf{番目})$$

8 1段増えるごとに，マッチ棒は何本増えるか
を考えます。

第1段　第2段まで　第3段まで　第4段まで

3本　　9本　　18本　　30本　　…

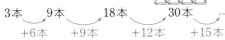

+6本　　+9本　　+12本　　+15本

使われているマッチ棒の本数は，はじめの数3
に「6，9，12，15，…」を順に加えて作られて
いる数列になっている ことがわかります。
第30段まで作るとき，加える数の個数は
(30−1＝)29個です。
29個目の加える数は

$$6+3\times(29-1)=90$$

したがって，第1段から第30段まで作るとき
に必要なマッチ棒の本数は

$$3+(\underbrace{6+9+12+15+\cdots+90}_{\text{加える数29個の合計}})$$

$$=3+6+9+\cdots+90$$

⬆ はじめの数が3，終わりの数が90，
個数が30の等差数列の和

$$=(3+90)\times30\div2$$　◀ (はじめの数+終わりの数)
　　　　　　　　　　　　　　　×個数÷2

$$=\textbf{1395（本）}$$

（別解）

右の図の色のついた
正三角形に着目する
と，マッチ棒の本数
は，色のついた正三
角形の個数の3倍 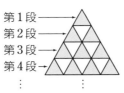 になります。第30段ま
で作ったとき，色のついた正三角形の個数は

$$1+2+3+4+\cdots+30=(1+30)\times30\div2$$
$$=465（個）$$

よって，このときに必要なマッチ棒の本数は
$$465\times3=\textbf{1395（本）}$$

第1段→
第2段→
第3段→
第4段→
⋮　⋮

9 (1)　$9\times9=\textbf{81（個）}$

(2)　$(9-1)\times4=\textbf{32（個）}$

10 縦と横をもう1列ずつ増や
すのに必要なご石の数は
$$19+4=23（個）$$
右の図より，はじめに作った

正方形の1辺に並んでいるご石の数は
$$(23-1)\div2=11（個）$$
したがって，ご石の個数は全部で
$$11\times11+19=\textbf{140（個）}$$

11 各段に並べられている白と黒のご石の個数を
調べると下の表のようになります。

段数（段）	2	3	4	5	…
白いご石（個）	5	8	11	14	…
黒いご石（個）	1	4	9	16	…

+3　+3　+3

1×1　2×2　3×3　4×4

(1)　黒いご石の個数は，(段数−1)×(段数−1)
になっていますから，16段のときは
$$(16-1)\times(16-1)=15\times15=\textbf{225（個）}$$

(2)　白いご石の個数は，はじめの数が5で3
ずつ増えていく等差数列になっています。
3を加える回数は
$$(80-5)\div3=25（回）$$
ですから，求める段数は
$$2+1\times25=\textbf{27（段）}$$

（別解）
白いご石の個数は，段数×3−1 になっ
ていますから，求める段数は
$$(80+1)\div3=\textbf{27（段）}$$

12 (1)　右の図のよう
に，全体を4つ
の同じ大きさの長
方形のブロックに
分けて考えます。

4個
4個
x個
y個
4個
4個

1つのブロックに
並ぶご石の数は
$$160\div4=40（個）$$
これから，図の x にあてはまる数は
$$40\div4=10（個）$$
したがって，外側の1辺に並ぶご石の数は
$$10+4=\textbf{14（個）}$$

(2)　(1)から，図の y にあてはまる数は
$$10-4=6（個）$$
よって，白いご石は全部で
$$6\times6=\textbf{36（個）}$$
（別解）　$14\times14-160=\textbf{36（個）}$

12
日目

9日目〜11日目の復習

① 45 秒   ② 3060   ③ 29

④ $\dfrac{1}{5}$ ⑤ (1) 黒 (2) 115 個 (3) 255 番目

⑥ (1) 3 (2) 70 番目   ⑦ 49

⑧ 水曜日   ⑨ (1) $\dfrac{1}{12}$ (2) 12

⑩ 51 個   ⑪ (1) 42 本 (2) 66 本 (3) 1581 本

⑫ 235 個

解き方

① 1 階から 5 階までの
$$5-1=4（階分）$$
を上がるのに 20 秒かかっていますから，1 階分上がるのにかかる時間は
$$20÷4=5（秒）$$
したがって，1 階から 10 階までの
$$10-1=9（階分）$$
上がるのにかかる時間は
$$5×9=\textbf{45（秒）}$$

② はじめの数が 2 で 3 ずつ増えていく等差数列ですから，45 番目の数は
$$2+3×(45-1)=134$$
よって，求める和は
$$(2+134)×45÷2=\textbf{3060}$$

③ 1，3，4，7，11，18，□，47，76，…

それぞれの数は，直前の 2 つの数の和になっていますから
$$□=11+18=\textbf{29}$$

④ 24，12，4，1，□，$\dfrac{1}{30}$，…
$\times\dfrac{1}{2}$ $\times\dfrac{1}{3}$ $\times\dfrac{1}{4}$ $\times\dfrac{1}{5}$ $\times\dfrac{1}{6}$

それぞれの数は，最初の数から順に $\dfrac{1}{2}$ 倍，$\dfrac{1}{3}$ 倍，$\dfrac{1}{4}$ 倍，…となっていますから
$$□=1×\dfrac{1}{5}=\textbf{\dfrac{1}{5}}$$

⑤ 「○●●○○○●●」の 8 個で 1 つの周期になっています。

(1) $50÷8=6$ あまり 2
より，左から 50 番目のご石の色は**黒**です。

(2) $229÷8=28$ あまり 5
1 つの周期の中に白いご石は 4 個あり，あまりの中にも白いご石は 3 個ありますから，白いご石の個数は全部で
$$4×28+3=\textbf{115（個）}$$

(3) 1 つの周期の中に黒いご石は 4 個ありますから
$$127÷4=31$$ あまり 3
より，127 番目の黒いご石は，第 32 周期の 7 番目のご石になることがわかりますから，答えは
$$8×31+7=\textbf{255（番目）}$$

⑥ 「5，2，6，2，3，4」の 6 個の数で 1 つの周期になっています。

(1) $707÷6=117$ あまり 5
より，はじめから数えて 707 番目の数は**3**です。

(2) 1 つの周期に並ぶ数の和は
$$5+2+6+2+3+4=22$$
になりますから
$$257÷22=11$$ あまり 15
よって，第 12 周期の 4 番目までの和になっていますから，はじめから数えて
$$6×11+4=\textbf{70（番目）}$$
までの数をたしたときになります。

⑦ 7 を次々にかけ合わせたときの下 2 けたの数は
$$\underline{7,}\quad 7×7=\underline{49,}\quad 49×7=3\underline{43}$$
$$43×7=3\underline{01,}\quad 01×07=\underline{07},\ …$$

のように，「07，49，43，01」の4個の数のく

り返し(周期)になる🖊️ことがわかります。

$$50 \div 4 = 12 \text{あまり} 2$$
<u>周期</u>　　　　　07 49

より，答えは**49**です。

⑧ 4月23日から8月25日までの日数は

$$\underset{\text{4月}}{(30-22)} + \underset{\text{5月}}{31} + \underset{\text{6月}}{30} + \underset{\text{7月}}{31} + \underset{\text{8月}}{25}$$ 🖊️

$$= 125 (日)$$

曜日は4月23日の金曜日から始まる「金土日月

火水木」の7日が1つの周期になっています🖊️

から

$$125 \div 7 = 17 \text{あまり} 6$$
<u>周期</u>　　　　金土日月火水

よって，8月25日は**水曜日**でした。

⑨ 約分される前の分数にもどして，数列を組に

分けます。

$$\underset{\text{1組}}{\frac{1}{2}, \frac{2}{2},} \Bigg| \underset{\text{2組}}{\frac{1}{4}, \frac{2}{4}, \frac{3}{4}, \frac{4}{4},} \Bigg|$$

$$\underset{\text{3組}}{\frac{1}{6}, \frac{2}{6}, \frac{3}{6}, \frac{4}{6}, \frac{5}{6}, \frac{6}{6},} \Bigg| \underset{\text{4組}}{\frac{1}{8}, \frac{2}{8}, \frac{3}{8},} \cdots$$

(1)　$31 = \underset{\text{5組までに並ぶ分数の個数の和}}{(2+4+6+8+10 🖊️)} + 1$

より，はじめから数えて31番目の数は，6

組の1番目です。分子は1で，分母は

$6 \times 2 = 12$ より，答えは $\dfrac{1}{12}$ です。

(2)　$20 = \underset{\text{4組までに並ぶ分数の個数の和}}{2+4+6+8}$ 🖊️

より，はじめから数えて20番目の数は，4

組の8番目です。

1組の和は　$\dfrac{1}{2} + \dfrac{2}{2} = 1\dfrac{1}{2}$

2組の和は　$\dfrac{1}{4} + \dfrac{2}{4} + \dfrac{3}{4} + \dfrac{4}{4} = 2\dfrac{1}{2}$

3組の和は　$\dfrac{1}{6} + \dfrac{2}{6} + \dfrac{3}{6} + \dfrac{4}{6} + \dfrac{5}{6} + \dfrac{6}{6}$

$$= 3\dfrac{1}{2}$$

4組の和は　$\dfrac{1}{8} + \dfrac{2}{8} + \cdots + \dfrac{8}{8}$

$$= \left(\dfrac{1}{8} + \dfrac{8}{8}\right) \times 8 \div 2 = 4\dfrac{1}{2}$$

したがって，求める和は

$$1\dfrac{1}{2} + 2\dfrac{1}{2} + 3\dfrac{1}{2} + 4\dfrac{1}{2} = \mathbf{12}$$

⑩ □個の輪をつないだとして，式をつくると

$$\underset{\text{内径×個数+(外径−内径)}}{7 \times \boxed{} + (10-7) 🖊️} = 360$$

$$\boxed{} = (360-3) \div 7 = \mathbf{51}(個)$$

⑪ 1段の図形から順に，使われている棒の本数

を調べると下のようになります。

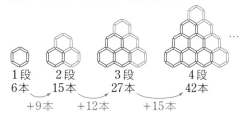

1段　　2段　　　3段　　　　　4段
6本　　15本　　27本　　　　　42本
　　+9本　　+12本　　+15本

(1)　上の図より，4段を完成するのに必要な棒

の本数は，全部で**42本**です。

(2)　使われている棒の本数は，<u>はじめの数6に</u>

<u>「9，12，15，18，…」を順に加えてつくられ</u>

<u>ている</u>🖊️ことがわかります。

21段を完成させるとき，加える数の個数は

$(21-1=)20$ 個です。

20個目の加える数は

$$9 + 3 \times (20-1) = 66$$

より，答えは，**66本**です。

(3)　31段を完成させるとき，加える数の個数

は $(31-1=)30$ 個です。

30個目の加える数は

$$9 + 3 \times (30-1) = 96$$

したがって，31段を完成させるのに必要な

棒の本数は全部で

$$6 + \underset{\text{加える数30個の合計}}{\underbrace{(9+12+15+18+\cdots+96)}}$$

$$= 6 + 9 + 12 + \cdots + 96$$
⬆️ はじめの数が6，終わりの数が96，
個数が31の等差数列の和

$$= (6+96) \times 31 \div 2$$ ◀ (はじめの数+終わりの数)
　　　　　　　　　　　　　　　×個数÷2

$$= \mathbf{1581}(本)$$

⑫ 縦と横をもう1列ずつ増や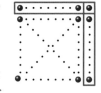
すのに必要なご石の数は
$$10 + 21 = 31（個）$$
右の図より，はじめに作った
正方形の1辺に並んでいるご
石の数は
$$(31 - 1) ÷ 2 = 15（個）$$
したがって，ご石の数は全部で
$$15 × 15 + 10 = 235（個）$$

① 12m ② 12 ③ 15
④ 9903 ⑤ 166
⑥ (1) 3 (2) 295 ⑦ 444
⑧ (1) 10 (2) 61 (3) 493 ⑨ 2.5cm
⑩ (1) 469本 (2) 295個 ⑪ 7段目
⑫ 520

解き方

① 1本目の旗と17本目の旗の間の数は

$$17 - 1 = 16（か所）$$

よって，旗の間かくは

$$8 \div 16 = 0.5（m）$$

17本目のあと，旗を1本立てるごとに間の数も1か所ずつ増えていきますから，あと8本立てると，間の数は8か所増えます。

したがって，求める道のりは

$$8 + 0.5 \times 8 = 12（m）$$

（別解）

1本目の旗と25本目の旗の間の数は

$$25 - 1 = 24（か所）$$

ですから，求める道のりは

$$0.5 \times 24 = 12（m）$$

② 3m（＝300cm）の木を50cmずつに切ったときの本数は

$$300 \div 50 = 6（本）$$

切る回数は

$$6 - 1 = 5（回）$$ ← 木の本数より1少ない

休む回数は

$$5 - 1 = 4（回）$$ ← 切る回数より1少ない

したがって，すべて切り分けるのにかかる時間は

$$2 \times 5 + 0.5 \times 4 = 12（分）$$

③ はじめの数が2で7ずつ増えていく等差数列ですから

$$(100 - 2) \div 7 + 1 = 15（番目）$$

④ 3，5，9，15，23，33，45，…

この数列は，はじめの数3に，「2, 4, 6, 8, …」の偶数を順に加えてつくられています。

1番目の数から100番目の数までに，加える数は

$$100 - 1 = 99（個）$$

ありますから，100番目の数は

$$3 + (2 + 4 + 6 + 8 + \cdots + 198)$$
$$= 3 + (2 + 198) \times 99 \div 2$$ ⤴ 加える数の合計
$$= 9903$$

⑤ 「○○□△○○□」の6個の記号で1つの周期になっています。

1つの周期の中に○は3個出てきますから

$$83 \div 3 = 27 \text{ あまり } 2$$

より，83個目に出てくる○は，第28周期の4番目の記号になることがわかります。

したがって，答えは

$$6 \times 27 + 4 = 166（番目）$$

⑥ 「1，1，3，1，1，9」の6個の数で1つの周期になっています。

(1) $$87 \div 6 = 14 \text{ あまり } 3$$

より，87番目の数は3です。

(2) $$113 \div 6 = 18 \text{ あまり } 5$$

1つの周期に並ぶ数の和は

$$1 + 1 + 3 + 1 + 1 + 9 = 16$$

になりますから，1番目から113番目までの数の和は

$$16 \times 18 + 1 + 1 + 3 + 1 + 1 = 295$$

⑦ $3÷13$ の筆算は右のようになります。

あまりの数がわられる数の3と同じになるまで求めると，このあとは同じわり算をくり返すことになりますから，商は「230769」の6個の数の並びがくり返される🖊ことがわかります。

$$
\begin{array}{r}
0.230769 \\
13\overline{)3.0} \\
2\;6 \\
\hline
4\;0 \\
3\;9 \\
\hline
1\;0\;0 \\
9\;1 \\
\hline
9\;0 \\
7\;8 \\
\hline
1\;2\;0 \\
1\;1\;7 \\
\hline
③
\end{array}
$$

ここで，$3÷13$ の3と同じになる

$$100÷6=16 \text{ あまり } 4$$
周期　2307

したがって，求める和は

$$(2+3+0+7+6+9)×16+2+3+0+7$$
$$=\mathbf{444}$$

⑧ 3, 2, 1, ｜ 4, 3, 2, ｜ 5, 4, 3, ｜
　　1組　　　　2組　　　　3組
　6, 5, 4, ｜ 7, 6, 5, ｜ …
　　4組　　　　5組　　　…

組の番号とその組の数列との対応関係は
□組→（□+2, □+1, □）
となっている。

(1) $30÷3=10$
より，はじめから数えて30番目の数は，10組の3番目になりますから，答えは，**10** です。

(2) 3以上の数で，はじめて現れる数は，それぞれの組の1番目の数になります🖊から，はじめて23が現れるのは，(23, 22, 21) の組になります。

したがって，23は21組の1番目の数ですから，はじめから数えて

$$3×20+1=\mathbf{61}（番目）$$

(3) はじめから数えて50番目の数は

$$50÷3=16 \text{ あまり } 2$$

より，17組の2番目の数です。

まず，16組までの和を求めます。

1組の和は　$3+2+1=6$
2組の和は　$4+3+2=9$
3組の和は　$5+4+3=12$
　　　　　　　⋮
16組の和は　$18+17+16=51$

はじめの数が6で3ずつ増えていく等差数列になっていますから，その和は

$$(6+51)×16÷2=456$$

17組の1番目と2番目の数の和は

$$19+18=37$$

したがって，はじめの数から50番目の数までの和は

$$456+37=\mathbf{493}$$

⑨ 19枚の紙テープをつなぐと，のりしろは $(19-1=)18$ か所必要になります。🖊のりしろをとらずにまっすぐに並べたときより，のりしろの長さの分だけ短くなりますから，のりしろ1か所の長さを□cmとすると

$$15×19-□×18=240$$
$$□×18=15×19-240$$
$$□×18=45$$
$$□=45÷18=\mathbf{2.5}（cm）$$

⑩ 正方形が1個増えるごとに，マッチ棒は何本ずつ増えていくかを考えます。

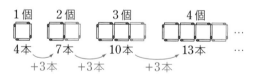

1個　2個　3個　　4個
4本　7本　10本　　13本
　+3本　+3本　+3本

マッチ棒の本数は，はじめの数が4で3ずつ増えていく等差数列🖊になっています。

(1) $4+3×(156-1)=\mathbf{469}（本）$

(2) $(888-4)÷3=294 \text{ あまり } 2$
より，3本を294回つけ加えたときにできる正方形の個数は

$$294+1=\mathbf{295}（個）$$

⑪ 右の図の色のついた
正三角形に着目すると，
マッチ棒の本数は，色
のついた正三角形の個
数の 3 倍になります。

1 段目
2 段目
3 段目
4 段目
⋮ ⋮

よって，マッチ棒を 90 本使ったときにできる
色のついた正三角形の個数は

$$90 \div 3 = 30(個)$$
$$30 = (1 + 2 + 3 + 4 + 5 + 6 + 7) + 2$$

より，**7 段目**まで完成していることがわかります。

⑫ 下の図のように，全体を 4 つの同じ大きさの
長方形のブロックに分けて考えます。

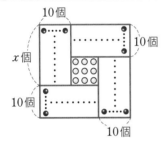

図の x にあてはまる数は　$10 + 3 = 13(個)$
ですから，1 つのブロックに並ぶ黒いご石の数
は

$$10 \times 13 = 130(個)$$

したがって，黒いご石の数は全部で

$$130 \times 4 = \mathbf{520}(個)$$

（別解）

　外側の 1 辺に並ぶ黒いご石の数は

$$13 + 10 = 23(個)$$

　より，黒いご石の数は全部で

$$23 \times 23 - 3 \times 3 = \mathbf{520}(個)$$

③

(MEMO)